Michael Hunger

Neo4j 2.0 –

Eine Graphdatenbank für alle

Michael Hunger

Neo4j 2.0
Eine Graphdatenbank für alle

schnell+kompakt

entwickler.press

Michael Hunger
Neo4j 2.0 –
Eine Graphdatenbank für alle
schnell+kompakt
ISBN: 978-3-86802-128-8

http://www.entwickler-press.de
http://www.software-support.biz

Ihr Kontakt zum Verlag und Lektorat: lektorat@entwickler-press.de

Bibliografische Information Der Deutschen Bibliothek
Die Deutsche Bibliothek verzeichnet diese Publikation in der Deutschen Nationalbibliografie; detaillierte bibliografische Daten sind im Internet über http://dnb.ddb.de abrufbar.

Lektorat: Theresa Vögle
Korrektorat: Jennifer Diener
Satz: Dominique Kalbassi
Umschlaggestaltung: Maria Rudi
Belichtung, Druck & Bindung: M.P. Media-Print Informationstechnologie GmbH, Paderborn

Inhaltsverzeichnis

## KAPITEL 1

Einführung: Die Welt ist ein Graph

Wir sind umgeben von einem Netz aus Informationen

Von all den Informationen, die tagtäglich verarbeitet werden, ist ein beträchtlicher Anteil nicht wegen ihres Umfangs interessant, sondern wegen der inhärenten Verknüpfungen, die darin enthalten sind. Denn diese machen den eigentlichen Wert solcher Daten aus.

Verknüpfungen reichen von historischen Ereignissen, die zu Orten, Personen und anderen Ereignissen in Beziehung stehen (und selbst in der heutigen Politik ihre Auswirkungen zeigen), bis hin zu Genstrukturen, die unter konkreten Umwelteinflüssen auf Proteinnetzwerke abgebildet werden.

In der IT-Branche sind es Netzwerke, Computer, Anwendungen und Nutzer, die weitreichende Netze bilden, in denen Informationen ausgetauscht und verarbeitet werden. Und nicht zuletzt stellen soziale Netzwerke (ja, neben den virtuellen gibt es auch noch reale) aus Familien, Kollegen, Freunden, Nachbarn bis hin zu ganzen Kommunen einen wichtigen Aspekt unseres Lebens dar.

Jeder Teil unseres Lebens wird von zahlreichen Verbindungen zwischen Informationen, Dingen, Personen, Ereignissen oder Orten bestimmt. Große Internetfirmen versuchen natürlich, sich diese Informationen zunutze zu machen. Beispiele für großangelegte Projekte in dem Zusammenhang sind der Google Knowledge Graph[1] oder Facebook Graph Search[2].

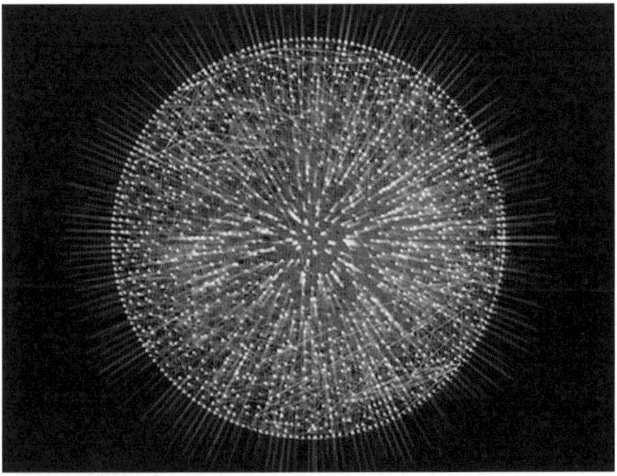

Abbildung 1.1: Die Welt ist ein Graph

Vernetzte Informationen und Datenbanken

Wenn diese vernetzten Informationen in Datenbanken abgespeichert werden sollen, müssen wir uns Gedanken darüber machen, wie wir mit den Verbindungen umgehen. Normalerweise werden sie ignoriert, denormalisiert oder zusammengefasst, um in das Datenmodell der Datenbank zu passen und auch Abfragen schnell

1 *http://www.google.com/insidesearch/features/search/knowledge.html*

2 *http://www.facebook.com/about/graphsearch*

genug zu machen. Was dabei jedoch verloren geht, ist die Informationsfülle, die in anderen Datenbanken und Datenmodellen erhalten geblieben wäre. Genau in dieser Situation spielen Graphdatenbanken und das Graphdatenmodell ihre Stärken aus. Stark vernetzte Daten fallen in einer relationalen Datenbank sofort durch die schiere Menge an JOIN-Tabellen und JOIN-Klauseln in Abfragen auf (und durch die daraus resultierende schlechtere Abfragegeschwindigkeit).

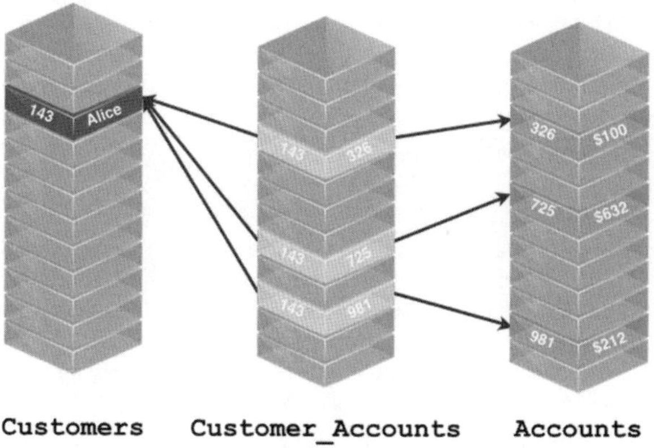

Abbildung 1.2: Relationale JOIN-Tabelle

Graphdatenmodell

Die mathematische Theorie zu Graphen ist viel älter als man denkt. Leonard Euler begründete sie, als er einen Weg über die sieben Brücken des damaligen Königsbergs finden wollte, ohne eine doppelt überqueren zu müssen.[3] Die Mathematik hat sich seitdem sehr ausführlich mit Graphtheorie und Graphalgorithmen befasst. Diese sollen aber nicht der Gegenstand dieses Buchs sein. Hier soll stattdessen praktisches Wissen für den pragmatischen und effektiven Umgang mit vernetzten Daten vermittelt werden.

Graphdatenbanken

Die Kombination aus Management von Graphstrukturen (und damit von vernetzten Daten) und Datenbankeneigenschaften wie Transaktionalität und ACID ist eine neuere Erscheinung. Graphdatenbanken, die dies leisten, sind Teil der NoSQL-Bewegung, die zumeist nicht relationale Datenbanken umfasst. Diese Datenbanken sind größtenteils quelloffen, entwicklerorientiert und mit einem Datenmodell versehen, das bestimmte Anwendungsfälle besonders gut unterstützt.

Graphdatenbanken sind dafür prädestiniert, relevante Informationsnetzwerke transaktional zu speichern und besonders schnell und effizient abzufragen. Das Datenmodell besteht aus Knoten, die mittels gerichteter, getypter Verbindungen miteinander verknüpft sind. Beide können beliebige Mengen von Attribut-Wert-Paaren (Properties) enthalten. Daher wird dieses Datenmodell auch als „Property-Graph" bezeichnet (Abbildung 1.3).

Jeder hat definitiv schon einmal mit Graphen gearbeitet. Sei es bei der Modellierung für eine relationale Datenbank (ER-Diagramm), beim Skizzieren von Domänenaspekten auf einem Whiteboard/Tafel (Symbole und Linien) oder einfach während der kreativen Sammlung von Informationen (Mindmaps). Graphen sind aufgrund der Einfachheit des Datenmodells und einer besonders leichten Visualisierung gut verständlich und leicht zu handhaben.

---

3 *http://de.wikipedia.org/wiki/K%C3%B6nigsberger_Br%C3%BCckenproblem*

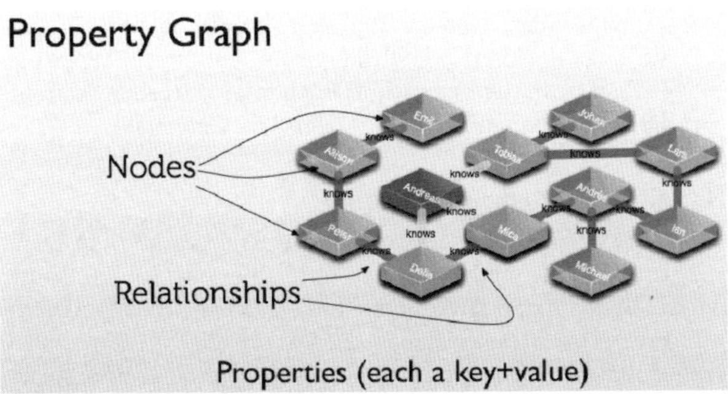

Abbildung 1.3: Property-Graph

Aber was ist nun so besonders an Graphdatenbanken? Dieses Kapitel geht näher auf dieses Thema anhand von Neo4j, einer Open-Source-Graphdatenbank ein. Sie ist nativ und in Java implementiert. Nativ bedeutet, dass Knoten und Beziehungen direkt in den internen Datenbankstrukturen als Records in den Datenbankdateien repräsentiert sind. Neo4j nutzt keine andere Datenbank als Persistenzmechanismus, sondern baut auf einer eigenen Infrastruktur auf, die speziell dafür entwickelt wurde, vernetzte Daten effizient zu speichern.

Wie schafft es eine Graphdatenbank, die hochperformante Navigation im Graphen zu realisieren? Das ist ganz einfach: mit einem Trick. Statt bei jeder Abfrage rechen- und speicherintensiv Entitäten immer wieder zu korrelieren, werden die Verbindungen beim Einfügen in die Datenbank als persistente Strukturen abgelegt. So wird zwar beim Speichern ein Zusatzaufwand in Kauf genommen, aber beim viel häufigeren Abfragen der Informationen können die direkt gespeicherten Verknüpfungsinformationen zur schnellen Navigation in konstanter Zeit genutzt werden.

Neo4j repräsentiert Knoten und Beziehungen in seinem Java-API als Java-Objekte (Node, Relationship) und im HTTP-API als JSON-Objekte. In der eigens für Graphen entwickelten Abfragesprache Cypher hingegen wird „ASCII-Art" verwendet.

Neo4js Abfragesprache Cypher

Was? ASCII-Art? Wie soll das denn funktionieren? Man denke einfach an Kreise und Pfeile auf einer Tafel oder einem Whiteboard, die man zum Diskutieren von Modellen schnell aufzeichnen kann. Das klappt, solange die Datenmengen, die es zu visualisieren gilt, klein genug oder nur konzeptionell sind, richtig gut. Bei größeren Graphen kann es schnell passieren, dass man den Wald vor Bäumen (oder Subgraphen) nicht mehr sehen kann. Aber wir wissen eigentlich, wonach wir suchen. Wir sind an ganz bestimmten Mustern im Graphen interessiert und ausgehend von diesen Strukturen wollen wir Daten aggregieren und projizieren, sodass unsere Fragen beantwortet und Anwendungsfälle abgebildet werden können. In einer Visualisierung können wir diese Muster z. B. mit anderen Farben hervorheben (Abbildung 1.4).

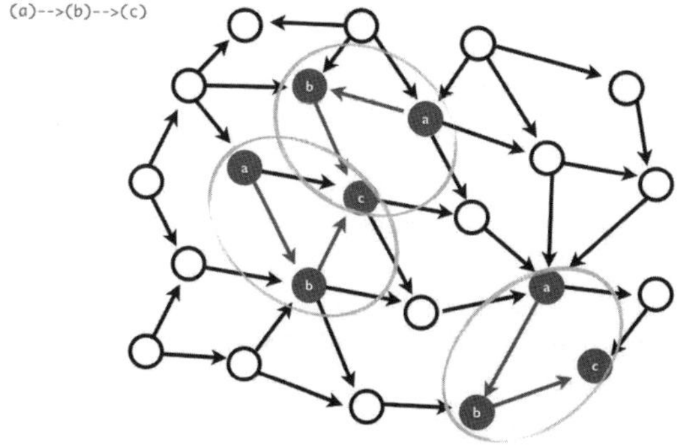

Abbildung 1.4: Graph-Muster im Graph

Aber wie würden wir diese Muster in einer textuellen Abfragesprache beschreiben? Dort kommt die ASCII-Art ins Spiel. Wir „zeichnen“ einfach Knoten als geklammerte Bezeichner und Beziehungen als Pfeile aus Bindestrichen (ggf. mit Zusatzinformationen wie Richtung oder Typ). Attribute werden in einer JSON-ähnlichen Syntax in geschweiften Klammern dargestellt (Abbildung 1.5).

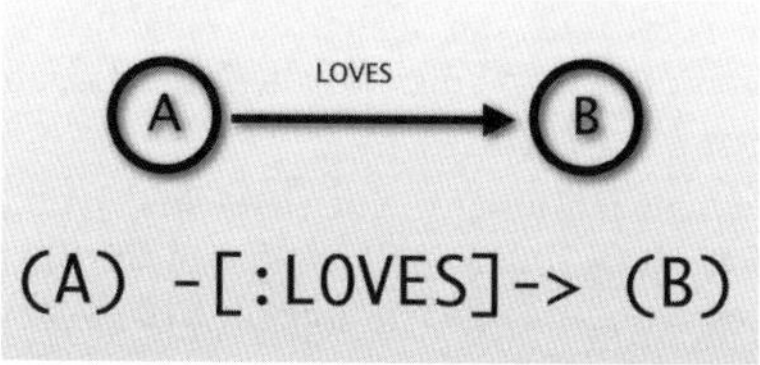

Abbildung 1.5: Graph-Muster als ASCII-Art

Viel klarer wird das mit einem Beispiel, hier aus der Domäne der Filmdatenbanken:

```
(m:Movie {title: "The Matrix"})
<-[:ACTED_IN {role:"Neo"}]-
(a:Actor {name:"Keanu Reeves"})
```

Der Schauspieler (*Actor*) *"Keanu Reeves"* spielte im Film (*Movie*) *"The Matrix"* die Rolle *"Neo"*.

Mit dem Inhalt dieses Buchs wird es ganz leicht sein, die ersten Schritte mit Cypher zu machen. Weiterführende Informationen sind in der Referenz verlinkt.

Wir verstehen Cypher als eine „menschenfreundliche" Abfragesprache, die auf Lesbarkeit und Verständlichkeit optimiert ist. Man stellt dar, an welchen Mustern/Strukturen man im Graphen interessiert ist und welche Operationen, Filter, Aggregationen, Sortierungen usw. man anwenden möchte.

In Cypher wird, ähnlich wie in SQL, deklarativ die Frage dargestellt, die man beantworten möchte, und keine imperative, programmatische Anweisungsabfolge vorgegeben. Trotzdem ist Cypher viel mächtiger als SQL, wenn es um die Darstellung komplexer Beziehungen, Pfade oder Graphalgorithmen geht. Weitere Highlights sind die angenehme Arbeit mit Listen (*filter, extract, reduce,* Quantoren), das Verketten von mehreren Teilabfragen und die Weiterleitung von (Teil-)Ergebnissen bzw. Projektionen an nachfolgende Abfragen. Dazu später mehr.

Cypher kann nicht nur komplexe Anfragen einfach darstellen und schnell ausführen, sondern auch Daten und Strukturen im Graphen erzeugen, modifizieren und korrigieren (Listing 1.1).

```
// Erzeugt einen Film mit der gesamten Besetzung in
// einem Zug
// Benutzt Parameter wie in Prepared-Statements
CREATE (movie:Movie {title:{movie_title}})
FOREACH (a in {actors} :
  CREATE (:Actor {name:a.name})
         -[:ACTS_IN {role:a.role}]->(movie))

// Findet die Top-10-Schauspielerkollegen von Keanu Reeves
MATCH (keanu:Actor)-[:ACTS_IN]->()<-[:ACTS_IN]-
                                                (co:Actor)
WHERE keanu.name="Keanu Reeves"
RETURN co.name, count(*) as times
ORDER BY times DESC
LIMIT 10
```

Listing 1.1

Cypher ist der schnellste Weg, um mit Neo4j produktiv zu werden und funktioniert in allen angebotenen APIs: sowohl dem HTTP-API des Servers und dem eingebetteten Java-API sowie natürlich auch mit der interaktiven Entwicklungsumgebung im Neo4j-Browser und der Neo4j Shell.

Um mit Neo4j zu interagieren, kann man sich einfach einen Treiber in der Lieblingsprogrammiersprache[4] aussuchen und benutzen.

4 *http://neo4j.org/drivers*

## KAPITEL 2

Neo4j im NoSQL-Umfeld

NoSQL

Das Interesse an nicht relationalen Datenbanken hat sich im letzten Jahrzehnt deutlich verstärkt. Ein Grund dafür ist neben dem massiv angestiegenen Datenvolumen auch die wachsende Heterogenität der Daten und die zunehmende Komplexität der Beziehungen zwischen den verschiedenen Aspekten der Informationen, die verarbeitet werden müssen.

Da relationale Datenbanken mit ihrem „Eine für alles"-Anspruch den konkreten Anforderungen oft nicht gewachsen waren, hat sich eine neue Generation von Datenbanken stark gemacht, solche Anwendungsfälle besser zu unterstützen.

Ausgehend von den großen Internetkonzernen wie Google, Amazon und Facebook wurden für ganz bestimmte Nutzungsszenarien und Datenmengen interne Datenbanken entwickelt (BigTable, Dynamo, Cassandra), die deutliche Performanceverbesserungen zur Folge hatten. Diese Datenbanken wurden dann entweder als Open Source zugänglich gemacht oder wenigstens ihre Konzepte in technischen Artikeln detailliert erläutert. Das bereitete die Grundlage für einen massiven Anstieg der Anzahl von Datenbanklösungen, die sich auf einige wenige Anwendungsfälle spezialisieren und diese dafür optimal abbilden.

Im Allgemeinen werden diese neuen Persistenzlösungen als „NoSQL" zusammengefasst, eine nicht sehr glücklich gewählte Bezeichnung. Unter dem Gesichtspunkt der polyglotten Persistenz steht dieses Kürzel aber eher für „Nicht nur (Not only) SQL". Relationale Datenbanken haben weiterhin ebenso ihre Daseinsberechtigung und Einsatzzwecke wie alle anderen Datenbanken auch.

Mit der großen Auswahl ist auch eine neue Verantwortlichkeit auf die Schultern der Entwickler gelegt worden. Sie müssen sich mit den vorhandenen Technologien kritisch auseinandersetzen und mit diesem Hintergrundwissen fundierte Entscheidungen für den Einsatz bestimmter Datenbanktechnologien für konkrete Anwendungsfälle und Datenstrukturen treffen.

Den meisten Datenbankanbietern ist das klar. Daher sind Informationsveranstaltungen, Trainings und Bücher (wie dieses) über diese Technologien zurzeit hoch im Kurs.

Ein wichtiger Aspekt in den Herausforderungen modernen Datenmanagements ist die Verarbeitung heterogener, aber stark vernetzter Daten, die im relationalen Umfeld spärlich besetzte Tabellen und den Verzicht auf Fremdschlüsselbeziehungen (da optional) nach sich ziehen würden.

Informationen über Entitäten aus unserem realen Umfeld sind ohne die sie verbindenden Beziehungen weniger als die Hälfte wert. Heutzutage werden aus den expliziten und impliziten Verknüpfungen entscheidungskritische Analysen erstellt, die für das schnelle Agieren am Markt unabdingbar sind.

Graphdatenbanken und Neo4j

Und so hat sich neben den in die Breite skalierbaren, aggregatorientierten NoSQL-Datenbanken auch die Kategorie der Graphdatenbanken etabliert, die sich auf die Verarbeitung stark vernetzter Informationen spezialisiert hat.

Neo4j als einer der ältesten Vertreter der Kategorie der Graphdatenbanken (RDF und Tripelstores bleiben bei diesen Betrachtungen außen vor) ist schon seit zehn Jahren in der Entwicklung und am Markt. Ursprünglich für die Echtzeitsuche von verschlagworteten Dokumenten über Sprachgrenzen (27 Sprachen) und Bedeutungshierarchien hinweg als Teil eines Onlinedokumentenmanagementsystems entwickelt, wird seine Entwicklung seit 2007 von Neo Technology offiziell gesponsert.

Neo4j ist eine in Java implementierte Graphdatenbank, die ursprünglich als hochperformante, in die JVM eingebettete Bibliothek genutzt wurde, aber seit einigen Jahren als Serverdatenbank zur Verfügung steht. Anders als andere Graphdatenbanken nutzt es einen eigenen, optimierten Persistenzmechanismus für die Speicherung und Verwaltung der Graphdaten. Mit einer mittels Java NIO (Datei-Memory-Mapping usw.) implementierten Persistenzschicht, die Blöcke fester Größe zum Abspeichern von Knoten und Verbindungsinformationen nutzt, kann Neo4j die unteren Schichten optimal auf seine Bedürfnisse optimieren.

Da Graphdatenbanken, anders als aggregatorientierte Ansätze, auf feingranulare Elemente setzen, die miteinander verknüpft werden, ist es notwendig, für Änderungsoperationen einen Kontext bereitzustellen, in dem Änderungen entweder ganz oder gar nicht erfolgen. Bekanntlich sind dafür Transaktionen ziemlich gut geeignet. Neo4j selbst stellt eine komplette JTA- (und auch XA-2PC-)Transaktionsinfrastruktur zur Verfügung, die die gewohnten ACID-Garantien mitbringt und auch mit anderen transaktionalen Datenquellen integriert werden kann.

## KAPITEL 3

Erste Schritte mit Neo4j

Was wäre ein guter Weg, um mit dem Graphdatenmodell und Graphdatenbanken durchzustarten? In diesem Kapitel sollen einige der wichtigsten Aspekte angerissen werden. Wir beschäftigen uns mit jedem Teilbereich später noch einmal genauer.

Modellierung

Zuerst sollte man einen Schritt zurücktreten und das größere Ganze betrachten. Einige der Lösungen, die man sich mit relationalen Datenbanken erarbeitet hat, sollten überdacht und kritisch hinterfragt werden, wenn man die Technologie und das Datenmodell wechselt.

Um ein gutes Graphmodell der eigenen Domäne zu erarbeiten, braucht man nicht viel. Ein Kollege oder Domänenexperte und ein Whiteboard sind genug, um ein Modell aufzuzeigen, das alle notwendigen Informationen und Beziehungen enthält, um Antworten für die wichtigsten Fragen und Anwendungsfälle zu liefern. Dies entspricht dem üblichen Vorgehen bei der Projektentwicklung. Dieses konzeptionelle Modell wird von Graphdatenbanken so gut unterstützt, dass man sich nicht auf eine technologiegetriebene Abbildung beschränken muss.

Die iterative Entwicklung eines Graphdatenmodells basierend auf den Anwendungsfällen des Systems wird im Detail im Kapitel 11 „Inkrementelles Datenmodellieren“ diskutiert.

Datenimport

Mit diesem Modell im Hinterkopf kann man sich an den Import der Daten[1] in die Graphdatenbank machen. Dazu reichen das Herunterladen[2], Installation bzw. Auspacken und der Start des Neo4j-2.0-Servers. Im Webbrowser kann man mit dem Neo4j-Browser den Graphen mittels Cypher-Abfragen visualisieren.

Mit der Installation steht aber auch eine Unix-ähnliche, interaktive Shell zur Verfügung. Sie erlaubt es, Cypher-Abfragen auszuführen, genauso, wie man es von SQL-Tools auch kennt. Diese Statements können sowohl Informationen liefern als auch den Graphen aktualisieren und anreichern (wie schon gesehen). Es ist stets hilfreich, dazu das Cypher Cheat Sheet[3] zur Hand zu haben, um Syntaxfragen schnell zu klären.

Jetzt geht es daran, Daten aus existierenden Datenbanken (oder einem Datengenerator) in ein Format zu transformieren, das man einfach in Neo4j importieren kann.

Ein Ansatz nutzt separate CSV-Dateien für Knoten und Beziehungen. Um diese tabellarischen Daten in einen Graphen zu konvertieren, benötigt man nur einige, mit Semikolons separierte Cypher-Statements (*CREATE*, *MERGE*), die ähnlich wie SQL Inserts ausgeführt werden. Entweder schreibt man sich ein kleines Skript, das die notwendigen Statements direkt in einer Textdatei

1 *http://www.neo4j.org/develop/import*

2 *http://neo4j.org/download*

3 *http://docs.neo4j.org/refcard/2.0*

erzeugt, oder benutzt Textfunktionen in den allgegenwärtigen Tabellenkalkulationen[4] (ein nützlicher Trick, der mir während meiner Kundenprojekte untergekommen ist). Die Cypher-Statements sollten dann in einen transaktionalen Block gekapselt werden, um die atomare Erzeugung des (Sub-)Graphen zu ermöglichen und die Einfügegeschwindigkeit zu erhöhen (Listing 3.1). Dann können diese Statements mittels der Neo4j-Shell-Kommandozeilenanwendung aus einer Datei *bin/neo4j-shell -file import.cql* gelesen werden. Die Neo4j Shell verbindet sich standardmäßig mit dem laufenden Server, man kann aber auch ein alternatives Verzeichnis für die Neo4j-Datenbankdateien angeben: *bin/neo4j-shell -path data/test.db -file import.cql.*

```
BEGIN
CREATE (:Person {name: "Michael"});
MERGE (:Artikel {title: "Neo4j 2.0"});
MATCH (p:Person {name: "Michael"}),
      (a:Artikel {title: "Neo4j 2.0})
MERGE (p)-[:WROTE]->(a);
...
COMMIT
```

Listing 3.1

Es gibt auch eine Reihe anderer Tools[5], die den Datenimport mit der Neo4j Shell noch viel einfacher gestalten.

Programmatischer Zugriff (APIs)

Und das war es schon. Jetzt kann der Graph einfach visualisiert und abgefragt werden. Programmatischer Zugriff von eigenen Anwendungen ist wie bereits angesprochen mit der Vielzahl von

4 *http://blog.neo4j.org/2014/01/importing-data-to-neo4j-spreadsheet-way.html*

5 *https://github.com/jexp/neo4j-shell-tools*

Treibern für viele Programmiersprachen problemlos möglich. Dankenswerterweise hat sich unsere aktive Neo4j-Community stark gemacht, diese Treiber entwickelt und zur Verfügung gestellt.

Für die JVM gibt es neben dem originalen Java-API, mit dem Neo4j als eingebettete Datenbank (ähnlich Derby/HSQL) benutzt werden kann, auch Treiber für andere Programmiersprachen wie Clojure, Scala, JRuby, Groovy. Desweiteren kann von Java aus sowohl über einen JDBC-Treiber als auch über das Java REST Binding oder direkt über eine HTTP-/REST-Bibliothek Zugriff auf den Neo4j-Server erlangt werden, um z. B. Cypher-Abfragen auszuführen. Für ein Objekt-Graph-Mapping innerhalb der JVM stehen Bibliotheken wie Spring Data Neo4j oder cdo Neo4j bereit.

Für alle Programmiersprachen außerhalb der JVM wie beispielsweise JavaScript, Ruby, Python und .NET kann man mittels der HTTP-Bibliotheken auf das HTTP-/REST-API des Neo4j-Servers zugreifen. Natürlich kann man auch einen der vielen Treiber nutzen, um mittels Cypher oder des Low-Level-API Knoten und Beziehungen im Graphen anzulegen.

Konkreter werden diese Möglichkeiten in den Kapiteln „APIs von Neo4j" und „Treiber für den Neo4j-Server" dargestellt.

Visualisierung

Für einfache Visualisierung von Graphen kann zum einen der integrierte Neo4j-Browser genutzt werden. Dessen Visualisierung von Abfrageergebnissen ist in D3.js implementiert (Abbildung 3.1).

Aber auch eine eigene Visualisierung ist sehr leicht zu implementieren. Die verbreitete JavaScript-Bibliothek D3.js[6] bietet eine Vielzahl von Graphvisualisierungen, die mit einem Minimum an Aufwand realisiert werden können (Abbildung 3.2).

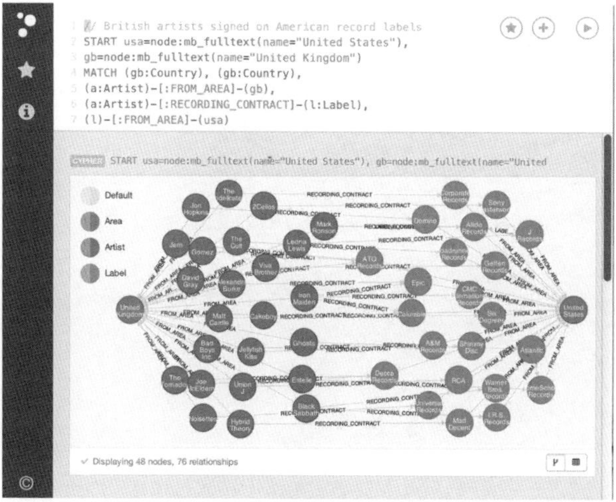

Abbildung 3.1: Integrierter Neo4j-Browser

Dazu muss man nur z. B. mit Cypher eine Knoten- und Kantenliste für den relevanten Ausschnitt des Graphen erzeugen und diese als JSON-Struktur für D3.js bereitstellen. Darauf kommen wir noch einmal bei der Entwicklung unserer „Neo4j-Movies"-Webanwendung zurück.

6 *http://d3js.org*

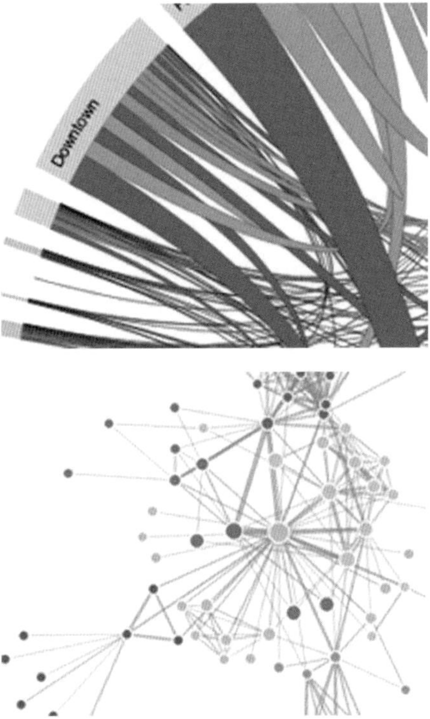

Abbildung 3.2: Graphvisualisierung mit D3.js

Andere Visualisierungsmöglichkeiten mit zusätzlichen Tools oder Bibliotheken sind auf der Neo4j-Website[7] verlinkt.

7 *http://neo4j.org/develop/visualize*

Anwendungsbeispiele

Zum Schluss des Kapitels möchte ich noch anhand einiger Beispiele die breite Palette an Anwendungsmöglichkeiten des Graphmodells und von Graphdatenbanken demonstrieren. Jedes Datenmodell, das einigermaßen anspruchsvoll ist, beinhaltet eine Menge wichtiger Beziehungen und kann einfach als Graph repräsentiert werden. Das wird noch offensichtlicher, wenn man sich das Objektmodell der meisten Anwendungen anschaut und Objekte durch Knoten und Objektreferenzen durch Beziehungen ersetzt (auch wenn das noch nicht das optimale Graphmodell darstellt, da dort Beziehungen noch anämisch sind). Hier ein paar ausgesuchte Anwendungen:

- Facebook Graph Search von Max De Marzi importiert Informationen aus Facebook und transformiert Anfragen in natürlicher (englischer) Sprache in Cypher-Statements.[8]
- Rik Van Bruggens Biergraph zeigt, dass auch Nutzer, die keine Entwickler sind, aus ihren Daten Graphen erzeugen, visualisieren und abfragen können.[9]
- Open Tree Of Life arbeitet daran, einen Graphen der kompletten biologischen Systematik (alle Pflanzen, Tiere) zu erstellen.[10]
- moviepilot.com nutzt Neo4j, um Filmempfehlungen für seine Nutzer bereitzustellen und auch den Filmstudios hochqualitatives Feedback zu ihren Neuerscheinungen zu geben.

8 *http://maxdemarzi.com/2013/01/28/facebook-graph-search-with-cypher-and-neo4j*

9 *http://blog.bruggen.com/2013/01/fun-with-beer-and-graphs.html*

10 *http://blog.opentreeoflife.org*

- Shutl (ebay) findet den besten Kurier und die optimale Route innerhalb einer Stadt für Sofortlieferungen (innerhalb von Minuten).[11]
- Telenor löst komplexe ACL-Autorisierungen in Sekundenbruchteilen auf.[12]
- Lufthansa speichert Metainformationen über Medien für die Entertainment-Systeme im Graphen um Verteilung, Optimierungen, Was-wäre-wenn-Analysen und rechtliche Abhängigkeiten zu verwalten.[13]
- jQAssistant ist ein Open-Source-Werkzeug zur Softwareanalyse, das Programmcode im Build-Prozess in den Graph überführt, dort mit Architekturkonzepten anreichert und dann Metric-Abfragen und Constraints auf diesen Informationen erlaubt. [14]
- Structr ist ein hochperformantes REST-Backend, das Graph-Traversals auf JSON Dokumente und zurück projiziert. Es kann mit einem beliebigen Web-Frontend oder mit dem modernen, JavaScript-basierten Structr-CMS kombiniert werden und hosted so zum Beispiel die Splink-Seiten des Deutschen Breitensports.[15]

---

11 *http://www.neotechnology.com/watch-how-shutl-delivers-even-faster-with-nosql*

12 *http://de.slideshare.net/verheughe/how-nosql-paid-off-for-telenor*

13 *https://vimeo.com/80502008*

14 *https://github.com/buschmais/jqassistant/wiki*

15 *http://structr.org*

- Mit Neo4Art hat Lorenzo Speranzoni das Leben und Wirken van Goghs in einem Graph festgehalten.[16]

Eine komplette Übersicht der Neo4j-Enterprise Kunden und Anwendungsfälle[17] steht auf der Website zur Verfügung.

16 *http://inserpio.wordpress.com/information-technology/neo4art-van-goghs-journey/*

17 *http://www.neotechnology.com/customers/*

## KAPITEL 4

Installation und Oberfläche des Neo4j-Servers

In diesem Kapitel soll eine kurze Übersicht über Installation und die Benutzeroberfläche des Neo4j-Servers gegeben werden.

Installation von Neo4j

Neo4j ist recht einfach zu installieren. Zum Entwickeln lädt man sich die aktuelle Version 2.0.0 von *http://neo4j.org/download* herunter. Für Windows enthält der Download einen Installer und eine Desktopanwendung, die das Management des Servers erlaubt. Für Mac OS und Linux/Unix kann man alternativ entweder auf Homebrew- bzw. Debian-/RPM-Packages zurückgreifen, oder man lädt sich einfach die Serverdistribution herunter und packt sie an geeigneter Stelle aus. Neo4j 2.0 benötigt Java 7. Der Server der Distribution wird mit *<pfad/zu/neo>/bin/neo4j start* gestartet und mit *<pfad/zu/neo>/bin/neo4j stop* angehalten. Falls es unerwartete Probleme bei der Installation geben sollte, kann man schnelle Hilfe auf *http://stackoverflow.com/questions/tagged/neo4j* oder über die Neo4j Google Group[1] erhalten.

1 *http://groups.google.com/group/neo4j*

Neo4j-Browser

Wie nach dem Start des Servers angegeben, steht unter *http://localhost:7474* der Neo4j-Browser des Neo4j-Servers bereit. Er ist an ein Kommandozeileninterface angelehnt, aber in einem viel schickeren Gewand als z. B. SQL*Plus (Abbildung 4.1).

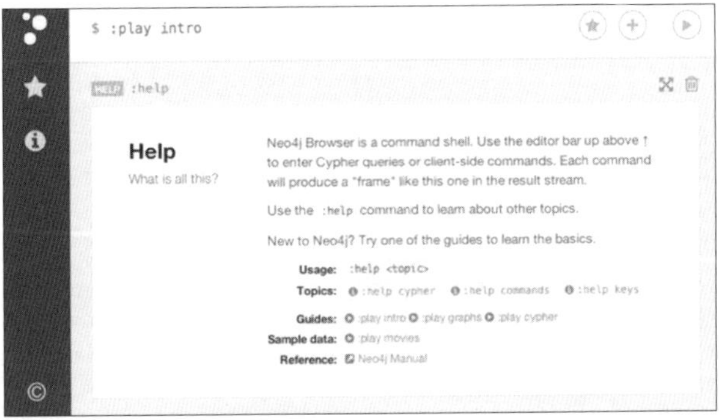

Abbildung 4.1: Neo4j-Browser

Initiale Tipps kann man leicht mittels der Kommandos *:help*, *:play intro*, *:play graphs* oder *:play cypher* erhalten. Im Browser kann man zum einen Cypher-Abfragen ausführen und die Ergebnisse sowohl visuell als auch tabellarisch darstellen. Zum anderen erlaubt er auch die Verwaltung häufig genutzter Abfragen in einer Favoritenliste. Die bisher genutzten Kommandos und Abfragen stehen in einer Eingabehistorie (Ctrl-Up, Ctrl-Down) sowie in einem kontinuierlichen Verlauf von Ergebnissen zur Verfügung.

Am Anfang ist die Datenbank noch ein leeres Blatt, das auf unsere Eingaben wartet. Wie bekommen wir jetzt schnell sinnvolle Daten in Neo4j? Zum Glück können wir mit *:play movies* ein Datenset hervorzaubern, das man per Klick und Run in die

Datenbank einfügen kann. Es ist die wohlbekannte Schauspieler-Film-Domäne, mit deren Verständnis niemand ein Problem haben sollte (Abbildung 4.2).

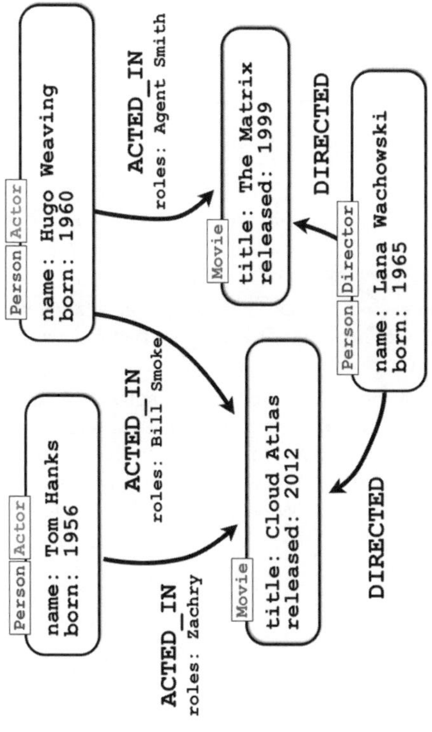

Abbildung 4.2: Schauspieler-Film-Domäne

Nachdem die Daten importiert sind, sollte man mit einer Cypher-Abfrage wie *MATCH (n) RETURN n LIMIT 50* einen kleinen Ausschnitt der Datenbank angezeigt bekommen. Dieses Snippet ist auch in der Favoritenliste vorhanden, wie man in Abbildung 4.3 erkennen kann.

Man kann Abfragen mit dem Stern in der Favoritenliste abspeichern. Dabei werden Kommentare in der ersten Zeile als Titel übernommen. Innerhalb der Liste können sie verschoben, gelöscht und direkt ausgeführt werden. Eine Funktion zum Erzeugen von Ordnern für eine Gruppierung ist auch vorhanden.

Im obersten Tab mit dem Neo4j-Logo sind einige explorative Informationen zu finden. Die Listen von Labels, Beziehungstypen und Attributen sind jeweils anklickbar und zeigen dann einige Knoten bzw. Beziehungen mit diesen Eigenschaften.

Im Informationsreiter sind Referenzlinks zur Dokumentation von Neo4j gelistet und auch der Zugriff auf die bisherige Weboberfläche ist noch möglich.

Falls die Abfrageergebnisse Knoten oder Beziehungen enthalten, werden sie sofort visualisiert, ansonsten in der Tabellenansicht dargestellt. Mit dem Download-Icon über der Tabelle bekommt man den Inhalt als CSV heruntergeladen. Mit dem zweiten Download-Icon über der Visualisierung steht die Serverantwort als JSON zur Verfügung.

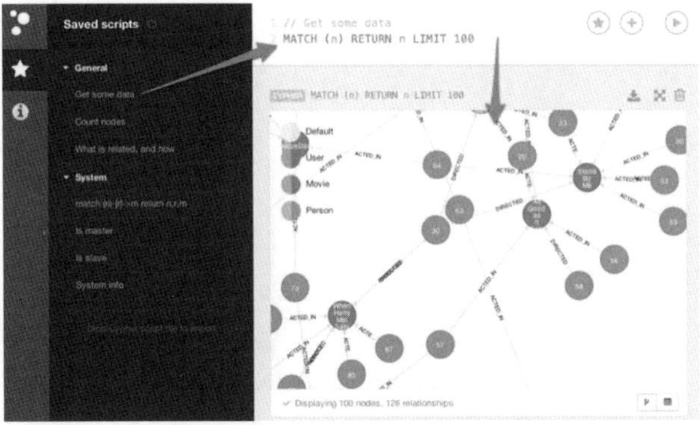

Abbildung 4.3: Favoritenliste

Im Neo4j-Browser sind noch einige Goodies versteckt, wie z. B. das Stylen des angezeigten Graphen mittels eines Pop-ups, das das genutzte Graph Style Sheet (GRASS) anpasst. Dort kann man sowohl Größe als auch Farbe von Knoten bzw. Beziehungsdarstellung anpassen, das ist jeweils nach Label bzw. Beziehungstyp getrennt möglich, sodass unterschiedliche Aspekte des Graphen individuell visualisiert werden können. Die damit erzeugten Style Sheets kann man herunterladen und später auch mittels Drag and Drop aktualisieren. Letzteres funktioniert auch für Cypher-Skripte, die man aus dem Dateisystem direkt auf verschiedene Stellen im Neo4j-Browser ziehen kann.

## KAPITEL 5

Neo4j 2.0 – Was ist neu?

Im Dezember 2013 wurde die neueste Version von Neo4j veröffentlicht – Neo4j 2.0. Welche neuen Features ermöglichen den Versionssprung auf die 2.0? Hier soll ein schneller Überblick für all diejenigen gegeben werden, die Neo4j aus früheren Versionen schon kennen.

Knotenlabels

Zum einen wurde zum ersten Mal in zehn Jahren das Datenmodell erweitert. Neben Beziehungen, die schon immer Typen hatten, können jetzt auch Knoten optionale Bezeichner (Labels) erhalten. Das macht es zum einen viel leichter, Typen im Graphen abzulegen (sogar mehrere pro Knoten). Diese Zusatzinformationen erlauben auch Optimierungen in der Cypher Engine und an anderen Stellen. Aufbauend auf den Knotenbezeichnern kann man automatische Indizes, die pro Bezeichner und Attribut definiert werden, anlegen. Zudem wird es möglich, zusätzliche Restriktionen für das Datenmodell einzuführen (Eindeutigkeit, Wert- und Typbeschränkungen). Wie sieht so etwas aus? Listing 5.1 zeigt es.

```
CREATE INDEX ON :Movie(title)
// Abfrage benutzt den Index, statt alle "Movie"-Knoten
// zu durchsuchen
```

```
MATCH (m:Movie) WHERE m.title = "The Matrix" RETURN m
oder
MATCH (m:Movie {title: "The Matrix"}) RETURN m
// Beispiel für eine Eindeutigkeitsrestriktion
CREATE CONSTRAINT ON (actor:Actor) ASSERT actor.name
                                             IS UNIQUE
```

Listing 5.1

MERGE

Neo4j 2.0 führt auch ein neues Cypher-Schlüsselwort ein, das beim Aktualisieren von Graphen eine „Get or Create"-Semantik hat. Mit *MERGE*[1] kann man wie bei *MATCH* Muster angeben, die im Graphen gefunden werden sollen. Wenn dies erfolgreich ist, werden die gefundenen Knoten und Beziehungen direkt genutzt, ansonsten wird das deklarierte Muster angelegt und kann mit dedizierten Klauseln (*ON CREATE*, *ON MATCH*) aktualisiert werden (Listing 5.2).

```
MERGE (keanu:Person {name:'Keanu Reeves'})
ON CREATE SET keanu.created = timestamp()
ON MATCH SET keanu.accessed = keanu.accessed + 1
RETURN keanu
```

Listing 5.2

Transaktionaler HTTP-Endpunkt

Ein weiteres wichtiges neues Feature von Neo4j 2.0 ist der transaktionale Cypher-HTTP-Endpunkt[2]. Bisher unterstützte das Server-API nur eine Transaktion pro HTTP-Request (konnte aber in einem Batch-Modus den Inhalt mehrerer Operationen auf

1 *http://docs.neo4j.org/chunked/milestone/query-merge.html*

2 *http://docs.neo4j.org/chunked/milestone/rest-api-transactional.html*

einmal ausführen). Jetzt kann eine Transaktion mehrere HTTP-Anfragen umfassen und auch mit jedem einzelnen Request mehrere Cypher-Statements beinhalten. Bis zum Timeout oder dem expliziten Abschluss der Transaktion mittels *commit* (*POST* to */transaction/id/commit* URL) oder *rollback* (*DELETE /transaction/id*) wird die Transaktion offen gehalten und kann weiterverwendet werden.

So werden z. B. eigene Änderungen innerhalb der Transaktion sichtbar, sind aber für andere Konsumenten nicht vorhanden (Isolation aus ACID). Die Anfrage- und Antwortdaten werden zum und vom Server gestreamt. Ein weiterer großer Vorteil ist das deutlich kompaktere Format der Ergebnisse, das nur noch die reinen Ergebnisdaten und keine Metadaten mehr enthält.

Dieses neue API erlaubt eine ganz neue Generation von Treibern (wie z. B. den JDBC-Treiber[3]), die in beiden Anwendungsszenarien (Server und Embedded) ein transaktionales Cypher-API anbieten. Damit wird die Lücke zur bekannten Interaktion mit SQL-Datenbanken weiter geschlossen und die Integration mit existierenden Werkzeugen und Tools erleichtert.

Neo4j Installer

Für die leichtere Installation wird für Windows ein Installer bereitgestellt, der eine System-Tray-Anwendung installiert, die zum Start, Stop und zur Konfiguration des Neo4j-Servers genutzt werden kann. Auf den anderen Plattformen erfolgt das mit Kommandozeilenanwendungen.

3 *http://www.neo4j.org/develop/tools/jdbc*

Neo4j-Browser

Für die interaktive Arbeit mit einer Graphdatenbank wie Neo4j bietet sich eine Umgebung an, in der man sowohl (komplexe) Abfragen entwickeln kann als auch deren Ergebnisse in verschiedenen Repräsentationen bereitgestellt bekommt. Der neu entwickelte Neo4j-Browser ist eine moderne JavaScript-Anwendung die beides bietet (Abbildung 5.1).

Zum einen die Entwicklung von Abfragen in einem Editor mit Syntaxhervorhebung, Historie und Speichermöglichkeiten für mehrfach genutzte Abfragen.

Zum anderen die interaktive Visualisierung der Abfrageergebnisse als Graph, als tabellarische Daten oder CSV bzw. JSON-Dateien. Die graphische Visualisierung kann an die eigenen Ansprüche mit verschiedenen Farben und Formen angepasst werden.

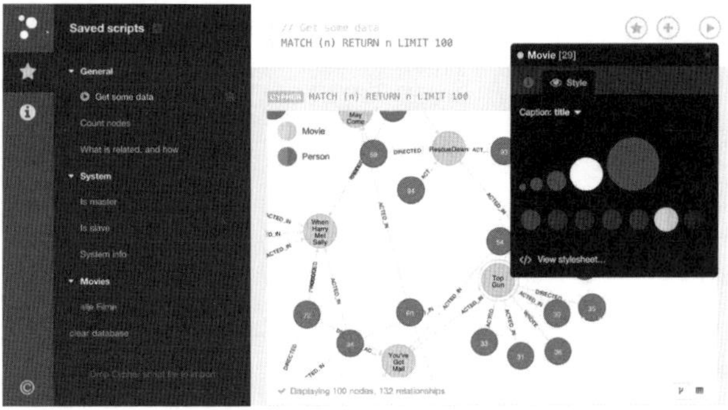

Abbildung 5.1: Neo4j-Browser

## KAPITEL 6

APIs von Neo4j

Neo4j stellt eine Reihe von Zugriffsmöglichkeiten bereit, die im Folgenden kurz erläutert werden sollen. Im weiteren Verlauf des Buchs werden wir uns auf Cypher konzentrieren. Aber auch einige andere Ansätze (z. B. Servererweiterungen und Spring Data Neo4j) kommen nicht zu kurz.

Zugang zu Neo4j

Neo4j als Server ist, wie schon erwähnt, ein einfacher Download von *http://neo4j.org/download*. Einfach auspacken, starten und schon sollte alles funktionieren. Alle Treiber gegen das HTTP-API und auch die Neo4j Shell funktionieren direkt mit der Serverinstallation.
Für die Nutzung als eingebettete Datenbank in Java-/JVM-Sprachen ist die Maven-Konfiguration sinnvoll (für andere Build-Systeme entsprechend anpassen):

```
<dependency>
  <groupId>org.neo4j</groupId>
  <artifactId>neo4j</artifactId>
  <version>2.0.0</version>
</dependency>
```

Siehe auch *http://www.neo4j.org/download/maven.*

Cypher

Seit etwas mehr als zwei Jahren bietet Neo4j mit der Abfragesprache Cypher ein mächtiges Werkzeug zur Abfrage und Verarbeitung von Graphinformationen. Cypher ist wie SQL eine deklarative Abfragesprache, aber deutlich mächtiger in Bezug auf die Lesbarkeit, Repräsentation von Graphkonzepten wie Pfade und Graphmuster und die Verarbeitung von Listen von Werten. Cypher selbst ist in Scala implementiert und nutzt die funktionalen Eigenschaften der Sprache und die vorhandenen und einfach anwendbaren Parser (Parser Combinator und jetzt Parboiled/PEG). In Neo4j 2.0 hat Cypher deutliche Erweiterungen erfahren. Dieser Teil des Buchs wird sich vor allem auf diese Abfragesprache konzentrieren. Cypher kann sowohl mit dem Neo4j-Server als auch über das Java-API benutzt werden und wird so zur universellen Zugriffsmöglichkeit für Neo4j. Eine leicht verständliche, aber schon etwas komplexere Abfrage ist in Listing 6.1 dargestellt.

```
MATCH (u:Person)-[:KNOWS]->(friend)-[:KNOWS]->(fof)
      (fof)-[:LIVES_IN]->(city)-[:IN_COUNTRY]->
                                          (c:Country)
WHERE u.name = "Peter" AND fof.age > 30 and c.name =
                                             "Sweden"
RETURN fof.name, count(*) as connections
ORDER BY connections DESC
LIMIT 10
```

Listing 6.1: Cypher-Abfrage für Peters Freunde 2. Grades, die älter als dreißig sind und in Schweden leben

Der Neo4j-Server kann durch ein exploratives REST-API angesprochen werden, das die Graphkonzepte auf URIs abbildet und somit zwar einfach zu benutzen, aber nicht besonders performant ist. Daher wird in Neo4j 2.0 das REST-API nur noch für Managementaufgaben eingesetzt. Für alle zukünftigen Interaktionen mit dem Server setzen wir auf einen dedizierten HTTP-Endpunkt, der Abfragen in Cypher entgegennimmt und die Ergebnisse zurückstreamt. Dieser Endpunkt unterstützt auch Transaktionen, die mehrere HTTP-Requests überspannen können (Listing 6.2). Aber dazu mehr im Kapitel 9 „Treiber für den Neo4j-Server".

```
Abfrage: POST /db/data/transaction/commit
 {"statements": [{"statement":"MATCH (u:Person)
                                              RETURN u"}]}
Ergebnis: ==> 200 OK
{"results":
[{"columns":["u"],
  "data":[{"row":[{"login":"Peter"}]}]}],
  "errors":[]}
```

Listing 6.2: Transaktionale HTTP-API

Java-API

Historisch stand am Anfang nur das auf Node- (Knoten) und Relationship- (Beziehungen) Objekten basierte, hochperformante Java-API zur Verfügung, das die Graphkonzepte in einer objektorientierten Art und Weise abbildet. Dieses kann auch heutzutage noch für dedizierte Servererweiterungen genutzt werden, wie detailliert im Kapitel „Anwendungsfälle für Graphdatenbanken" dargestellt. Hier nur ein einfaches Beispiel zum Erzeugen zweier Knoten und einer Beziehung und dem Zugriff darauf (Listing 6.3).

```
// DB-Referenz nur einmal halten, Instanz ist threadsafe
GraphDatabaseService graphDB =
   new GraphDatabaseFactory()
  .newEmbeddedGraphDatabase("/path/to/db");
try (Transaction tx = graphDB.beginTx()) {
  Node node1 = graphDB.createNode(Labels.Person);
  node1.setProperty("name","Peter");
  Node node2 = graphDB.createNode(Labels.Person);
```

```
    node2.setProperty("name","Andreas");
    node1.createRelationshipTo(node2, Types.KNOWS);
    for (Relationship r :
        node1.getRelationships(Direction.OUTGOING)) {
      processFriend(r.getEndNode().getProperty("name"));
    }
    tx.success();
}
// am Ende der Anwendung
gdb.shutdown();
```

Listing 6.3

Batch Inserter

Für den hochperformanten initialen Import von Daten in Neo4j gibt es noch das Batch-Inserter-API. Dieses Low-Level-Java-API (Listing 6.4), das nur knapp über der Persistenzschicht der Datenbank angesiedelt ist, kann genutzt werden, um große Datenmengen schnell aus einer vorhandenen Datenquelle (relationale DB, CSV-Dateien, Datengenerator) in eine Neo4j-Dateistruktur zu importieren. Hier gibt es keine Transaktionen, und der Zugriff erfolgt nur von einem Thread, um Synchronisation einzusparen. Darauf kommen wir später noch einmal zurück.

```
BatchInserter inserter = BatchInserters.
                    inserter(DIRECTORY.getAbsolutePath());
long node1 = inserter.createNode(map("name", "Peter"),
                                              Types.Person);
long node2 = inserter.createNode(map("name", "Michael"),
                                              Types.Person);
long relId = inserter.createRelationship(node1, node2,
                    Types.KNOWS, map("since", 2009));
inserter.shutdown();
```

Listing 6.4

## KAPITEL 7

Beispieldatenmodell

Graphmodellierung

Mit Graphdatenbanken hat man bei Beispieldomänenmodellen die Qual der Wahl. Die meisten Domänen, die sich auf ein objektorientiertes oder relationales Modell zurückführen lassen, sind auch für Graphdatenbanken bestens geeignet. Meist kann man weitere interessante Details und Strukturen hinzufügen und das Datenmodell noch viel stärker normalisieren. Viele Beispiele sind online verfügbar.[1]

Da die Kosten für Beziehungen zwischen Entitäten gering sind, aber ihr Wert enorm ist, ist man gut beraten, das Modell so zu gestalten, dass die reichhaltigen Beziehungen einen deutlichen Mehrwert für die Beantwortung interessanter Fragen darstellen. Auch die Anwendung von verschiedenen Beziehungstypen als semantische Bereicherung ist sehr hilfreich (z. B. als Typen von sozialen Beziehungen: *KNOWS, LOVES, MARRIED_TO, WORKS_WITH ....*).

Aus dem Kontext der nächsten Kapitel wollen wir das Konzept der Publikation darstellen, genauer: Artikel in einer Zeitschrift. Dieses Modell ist einfach genug, um von jedem sofort verstanden zu werden, aber ausreichend komplex, um ein paar interessante Fragestellungen zu beleuchten.

1 *https://github.com/neo4j-contrib/graphgist/wiki*

Die Entitäten des Modells sind in den folgenden Graphrepräsentationen einmal abstrakt und einmal konkret dargestellt. Praktischerweise geht man von konkreten Daten und Anwendungsfällen aus, wenn man ein Graphmodell zusammen mit einem Domänenexperten skizziert.

Das hat den Vorteil, dass man anhand der konkreten Fälle testen kann, ob das Modell aussagekräftig genug ist und die Beziehungen in einer Art und Weise modelliert sind, die die gewünschten Szenarien unterstützt. Des Weiteren ist es ziemlich beeindruckend, wenn das Modell, das soeben noch auf dem Whiteboard zu sehen war, mit einigen Testdaten genauso als Inhalt der Datenbank visualisiert werden kann. Vor allem für nicht technische Beteiligte ist dieser Aha-Effekt oft hilfreich für die Akzeptanz einer neuen Technologie.

Property-Graph

Neo4js Datenmodell (Property-Graph) besteht aus vier grundlegenden Elementen.

Knoten bilden die Entitäten der realen Welt ab. Sie haben oft eine Identität und können anhand von relevanten Schlüsseln gefunden werden. Dabei ist es nicht notwendig, dass alle Knoten im Graphen äquivalent sind. Wie Elemente der Domäne können Knoten in mehreren Rollen und Kontexten genutzt werden. Diese Rollen oder Tags können durch verschiedene Labels (beliebig viele) an den Knoten repräsentiert werden. Mithilfe der Labels werden zusätzliche strukturelle Metainformationen hinterlegbar (z. B. Indizes). Die Labels sind auch ein geeignetes Mittel, um die Knoten des Graphen in verschiedene (auch überlappende) Sets zu gruppieren.

Beziehungen verbinden Knoten, um das semantische Netz zu formen, das das Graphmodell ausmacht. Beziehungen haben einen Typ und eine Richtung. Dabei kann aber jede Beziehung ohne

Performanceeinbußen in beide Richtungen navigiert (traversiert) werden, anders als in einem Objektmodell, in dem Beziehungen nur einseitig sind. Daher ist es normalerweise nur dann sinnvoll, Beziehungen in beiden Richtungen anzulegen, wenn es semantische Bedeutung hat (z. B. FOLLOWS im Twitter-Graph).

Beziehungen erzwingen auch das einzig notwendige Integritäts-Constraint in Neo4j. Es gibt keine „Broken Links". Alle Beziehungen haben einen validen Start- und Endknoten. Das bedingt auch, dass Knoten nur gelöscht werden können, wenn sie keine Beziehungen mehr haben.

Knoten und Beziehungen können beliebige Attribute (Schlüssel-Wert-Paare) enthalten; die Werte können alle primitiven Datentypen (String, boolean, numerisch) und Felder davon sein.

Zwei Beispiele (abstrakt, konkret) für unser Datenmodell werden in Abbildung 7.1 dargestellt[2]. Dieses Datenmodell enthält diese Entitäten mit folgenden (ausgehenden) Beziehungstypen:

- Publisher (Verlag) *[PUBLISHES]*
- Publication
- Issue (Ausgabe) *[ISSUE_OF, IN_YEAR, CONTAINS]*
- Tag (Schlüsselwort)
- Article *[TAGGED, RELATED_TO]*
- Author *[AUTHORED]*
- Reader *[RATED]*
- Year

2 *http://gist.neo4j.org/?github-neo4j-contrib%2Fgists%2F%2Fother%2FThePublicationGraph.adoc*

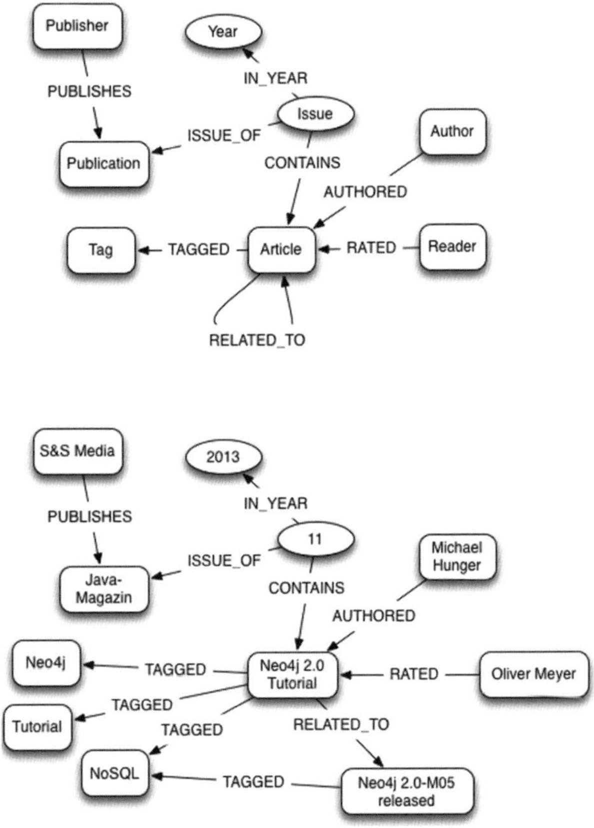

Abbildung 7.1: Beispieldatenmodell

Neben den einfachen CRUD-Operationen zum Erzeugen und Aktualisieren der Daten im Graph sind vor allem komplexere Abfragen als Anwendungsfälle interessant. Zum Beispiel:

- In welchen Themen gibt es die besten Ratings?
- Welcher Autor ist am fleißigsten (pro Verlag)?
- Welche Artikel sind zum Tag „NoSQL“ erschienen und in welchen Ausgaben?
- Wenn ich folgenden Artikel gut fand, welche anderen Artikel sind noch zu empfehlen?
  - Empfehlungsberechnung über Ratings, Autoren und Tags
  - Empfehlungsberechnung über mir ähnliche andere Leser und deren Präferenzen

Im nächsten Kapitel werden wir anhand dieses Datenmodells die Abfragesprache Cypher im Detail einführen und einige der genannten Anwendungsfälle realisieren.

## KAPITEL 8

Einführung in Cypher

Cypher ist, wie SQL, eine deklarative Abfragesprache. Man teilt der Datenbank mit, an welchen Informationen man interessiert ist, nicht, wie sie konkret ermittelt werden sollen.

Im Allgemeinen sind Graphdatenbanken auf lokale Abfragen optimiert, d. h. man kann ausgehend von einem Set von Startpunkten bestimmten Beziehungen folgen und währenddessen relevante Informationen ermitteln, aggregieren und filtern. Dabei wird aber meist nur ein kleiner Teil (Subgraph) der Gesamtdaten betrachtet. Interessanterweise ist damit die Abfragegeschwindigkeit nur von der Anzahl der traversierten Beziehungen und nicht von der Gesamtgröße des Graphen abhängig.

Mustersuche im Graphen

Menschen sind ziemlich gut darin, in übersichtlichen Visualisierungen Muster zu erkennen. Wenn diese Muster formal dargestellt werden können, kann ein Algorithmus natürlich viel schneller und in vergleichsweise riesigen Datenbeständen nach diesen Mustern suchen, Informationen, die damit verknüpft sind, aggregieren, filtern und als Ergebnisse projizieren. Genau das erledigt Cypher für uns. Die Sprache erlaubt die „formale" Deklaration von Mustern im Modell, und die Query Engine sucht effizient nach diesen Mustern im Graphen und stellt die gefundenen Informationen inkrementell (lazy) bereit.

Normalerweise würde man diese Muster zweidimensional als Kreise und Pfeile in einem Diagramm aufzeichnen. In einer textuellen Abfragesprache hat man diese Möglichkeit aber nicht. Als alten Mailbox-, MUD- und Usenet-Nutzern war uns die Ausdruckskraft von ASCII-Art geläufig. Daher trafen wir die Entscheidung, Graphmuster in Cypher als ASCII-Art darzustellen.

Knoten werden mit runden Klammern eingeschlossen: *(u:User)*, damit sehen sie fast wie Kreise aus. Beziehungen werden als Pfeile „-->“ dargestellt, wobei Zusatzinformationen für Beziehungen in eckigen Klammern *(-[r:KNOWS*1..3]->)* stehen können. Und Attribute werden in einer JSON-ähnlichen Syntax in geschweiften Klammern notiert {name:“Peter“}. Diese Muster werden in Cypher in der *MATCH*-Klausel angegeben (von *pattern matching*) und auch beim Aktualisieren des Graphen mittels *CREATE* oder *MERGE* genutzt. Beispiel: Finde alle Artikel eines Autors und ihre Ausgabe:

```
MATCH (author:Author)-[:AUTHORED]->(article)
                    <-[:CONTAINS]-(issue:Issue)
WHERE author.name = "Peter Neubauer"
RETURN article.title, issue.number;
```

Wie man hier unmittelbar sehen kann, ist es ziemlich offensichtlich, was diese Abfrage darstellt. Sogar Nichtentwickler können sie leicht verstehen, kommentieren und verändern.

Schlüsselworte

Die Hauptklauseln von Cypher sind:

- *MATCH*: Angabe von Mustern und Deklaration von Identifikatoren für Knoten und Beziehungen

- *WHERE*: Filterung der Ergebnisse
- *RETURN*: Projektion der Rückgabewerte (ähnlich zu *SELECT* in SQL), auch integrierte Aggregation
- *ORDER BY, SKIP, LIMIT*: Sortierung und Paginierung
- *WITH*: Verkettung von Abfragen mit Weitergaben von Teilergebnissen (kann auch Sortierung, Paginierung enthalten), ggf. Änderung der Kardinalität
- *CREATE, MERGE*: Erzeugen von Knoten und Beziehungsstrukturen
- *FOREACH*: Iteration über Liste von Werten und Ausführung von Operationen
- *SET, REMOVE*: Aktualisieren von Informationen/Attributen auf Knoten und Beziehungen
- *DELETE*: Löschen von Elementen
- *CREATE INDEX, CREATE CONSTRAINT*: Verwaltung von Indizes und Constraints

Einfache Anwendungsfälle: CRUD-Operationen

Zuerst einmal muss man Informationen in die Datenbank bekommen. Dazu bieten sich die erwähnten *CREATE*- und *MERGE*-Operationen an. *CREATE* erzeugt Strukturen ohne Überprüfung. *MERGE* versucht, existierende Muster anhand der Labels, Beziehungen und eindeutiger Attributwerte zu finden und erzeugt sie neu, falls sie noch nicht im Graph vorhanden sind. So erfolgt das Hinzufügen eines Autors mit dem Namen als eindeutiger Schlüssel:

```
MERGE (a:Author {name:"Oliver Gierke"})
ON CREATE SET a.company = "Pivotal" , a.created =
                                        timestamp()
RETURN a;
```

Abhängig von den Anwendungsfällen des Systems kann die Firma als Attribut oder als Beziehung zu einem Firmenknoten abgelegt werden. Falls die Firma für andere Aspekte (z. B. Empfehlungen, Abrechnung, Sponsoring) relevant ist, würde sie als referenzierbarer Knoten modelliert werden und so als Datenpunkt wiederverwertbar sein.

Ein wichtiger Aspekt bei der Anwendung von Cypher ist die Benutzung von Parametern. Ähnlich wie in Prepared Statements in SQL werden diese eingesetzt, um das Cachen von bereits analysierten Abfragen zu erlauben. Denn Statements, in denen literale Werte (Strings, numerische Werte, Wahrheitswerte) durch Parameter ersetzt wurden, sehen strukturell gleich aus und müssen nicht neu geparst werden. Außerdem verhindern die Parameter die Injektion von Abfragecode durch Nutzereingaben (siehe SQL-Injektion). Parameter sind benannt und werden in geschweifte Klammern eingeschlossen. Bezeichner (Parameter und andere), die Sonderzeichen enthalten, müssen übrigens mit Backticks „escaped" werden (z. B. `*süße Träume*`). Die Abfrage würde mit Parametern so aussehen:

```
MERGE (a:Author {name:{name}})
ON CREATE SET a.company = {company} , a.created =
                                        timestamp()
RETURN a;
```

Dabei würde der Ausführung der Abfrage eine Map mit Parametern übergeben. Wie kann diese Abfrage nun konkret gegen die Datenbank ausgeführt werden? Die Listings 8.1 bis 8.3 zeigen einige Beispiele, beginnend mit dem Java-API.

```
// beide Referenzen einmalig erzeugen, sind threadsafe
GraphDatabaseService gdb =   new GraphDatabaseFactory()
  .newEmbeddedDatabase("path/to/db");
ExecutionEngine cypher = new ExecutionEngine(gdb);
String query=
    "MERGE (a:Author {name:{name}}) \n" +
    "ON CREATE SET a.company = {company},\n" +
    "               a.created = timestamp()\n" +
    "RETURN a";
// Transaktionsklammer bei einzelnem Statement hier
// nicht unbedingt notwendig, Cypher startet selbst eine
// Lesetransaktion
try (Transaction tx = gdb.beginTx()) {
  Map<String,Object> params = map("name",
                "Oliver Gierke", "company", "Pivotal");
  ExecutionResult result = cypher.execute(query, params);
  assertThat(result.getQueryStatistics()
            .getNodesCreated(),is(1));
  for (Map<String,Object> row : result) {
    assertThat(row.get("a").get("name"),
              is(params.get("name")));
  }
  tx.success();
}
// am Ende der Anwendung
gdb.shutdown();
```

Listing 8.1: Java-API für Cypher

Neo4j kommt mit einer Unix-artigen Kommandozeilen-Shell, die sich entweder mit einem laufenden Server verbindet oder direkt auf Datenbankdateien in einem Verzeichnis zugreifen kann. Sie hat das Konzept von Umgebungsvariablen, die als Parameter für Cypher-Abfragen benutzt werden können. Man kann natürlich auch literale Werte benutzen.

```
bin/neo4j-shell [-path data/graph.db]
neo4j-sh (0)$ export name="Oliver Gierke"
neo4j-sh (0)$ export company="Pivotal"
neo4j-sh (0)$ MERGE (a:Author {name:{name}})
ON CREATE SET a.company = {company} , a.created =
                                  timestamp() RETURN a;
==> +------------------------------------------------+
==> | a                                              |
==> +------------------------------------------------+
==> | Node[13784]{created:1379555014972,             |
    | company:"Pivotal",name:"Oliver Gierke"}        |
==> 1 row
==> Nodes created: 1
==> Properties set: 3
==> Labels added: 1
==> 2 ms
```

Listing 8.2: Neo4j Shell

Der transaktionale HTTP-Endpunkt wurde schon und wird noch einmal detaillierter beleuchtet, daher hier nur der Vollständigkeit halber ein kurzes Beispiel.

```
POST /db/data/transaction/commit {"statements":[
{"statement":"MERGE (a:Author {name:{name}})
```

```
              ON CREATE SET a.company = {company} ,
                            a.created = timestamp()
              RETURN a",
"parameters":{"name":"Oliver Gierke","company":
                                              "Pivotal"}}]}
```

Listing 8.3: HTTP-Endpunkt

Das Erzeugen von Beziehungen und ganzen Pfaden erfolgt ähnlich:

```
MERGE (a:Author {name:{name}})
MERGE (i:Issue {number:{issue}})
CREATE (a)-[:AUTHORED]->(article:Article {props})
        <-[:CONTAINS]-(i)
RETURN article;
```

Um ein Element zu löschen, muss es zunächst mittels *MATCH* gefunden werden. Um einen Knoten mit seinen Beziehungen zu löschen (wir erinnern uns an das „no broken links“ Constraint), würde man folgendes Statement nutzen (das *OPTIONAL MATCH* ist wie ein outer *JOIN*, d. h. liefert *NULL*-Werte bei nicht vorhandenen Mustern):

```
MATCH (a:Author {name:{name})
OPTIONAL MATCH (a)-[r]-()
DELETE a,r;
```

Ähnlich sieht das mit Aktualisierungen aus. Labels für Knoten können ebenso wie Attribute jederzeit hinzugefügt und entfernt werden:

```
MATCH (issue:Issue {number:{issue}})
SET issue.date = {date}
SET issue:Special
RETURN issue;
```

Soweit zu den CRUD-Operationen.

Automatische Indizes

Die Mustersuche ist am effektivsten, wenn Knoten im Graphen fixiert werden können, z. B. durch die Beschränkung/Filterung eines Attributs auf einen Wert. Dann kann die Query Engine die gewünschten Muster an diesen Knoten „verankern“ und die Ergebnisse viel schneller in graphlokalen Traversals ermitteln.

Falls Indizes für dieses Label-Attribut-Paar vorhanden sind, werden diese für das Laden des initialen Sets von Knoten automatisch benutzt. Seit Neo4j 2.0 kann Cypher aber auch selbst Indizes verwalten:

```
CREATE INDEX ON :Author(name);
DROP INDEX ON :Author(name);
// automatische Nutzung des Indizes zum Auffinden der
// Knoten
MATCH (a:Author {name:{name}})
RETURN a;
```

Dies kann man auch sichtbar machen, indem man den Query-Plan für eine Abfrage anzeigen lässt. In der Neo4j Shell würde das mittels des *PROFILE*-Präfixes für die Abfrage erfolgen.

Wenn man die Nutzung eines Indexes erzwingen will, sollte das durch einen Hinweis (Hint) mittels *USING* erfolgen. Das ist zurzeit auch noch notwendig, wenn mehrere Indizes genutzt werden sollen:

```
MATCH (a:Author), (i:Issue)
USING INDEX a:Author(name)
USING INDEX i:Issue(number)
WHERE a.name = {name} and i.number = {issue}
RETURN a;
```

Import

Mit diesem Handwerkszeug kann man nun relativ einfach Daten in Neo4j importieren. Dazu gibt es mehrere Möglichkeiten:

- Programmatischer Aufruf einer der genannten Cypher-APIs mittels eines Programms (in Java, Scala, Ruby, C# ...) und Übergabe der notwendigen Anfragen und Bereitstellung der Parameter aus einer Datenquelle (z. B. relationale Datenbank, CSV-Dateien oder Datengenerator).
- Generierung von Cypher-Statements in Textdateien (ähnlich SQL-Importskripten) und Import über die Neo4j Shell. Dabei können große Blöcke von Statements (30 k–50 k), die atomar eingefügt werden sollen, von *BEGIN ... COMMIT*-Kommandos umgeben sein, um einen transaktionalen Rahmen zu schaffen.
- Import aus CSV-Dateien mittels eines existierenden Tools (z. B. dem CSV-Batch-Importer für den Import großer Datenmengen[1]).
- Import über einen der Neo4j-Treiber für die meisten Programmiersprachen[2] oder ein Mapping-Framework wie Spring Data Neo4j (dazu später mehr).

Beispiele

Ein einziges *CREATE*-Statement aus dem genannten *Modell* zeigt Listing 8.4, eine Reihe von *CREATE/MERGE*-Statements Listing 8.5.

1 *http://github.com/jexp/batch-import*

2 *http://neo4j.org/drivers*

```
CREATE
  (JM_DE:Publication {name:'Java Magazin',
language:'DE'}),
  (JM_DE)<-[:ISSUES_OF]-
  (JMNov2013 {month:11, title:'Java Magazin 11/2013'})
    -[:IN_YEAR]->(_2013 Year:2013}),
  (Neo4j20Tutorial:Content {title:'Neo4j 2.0
                                          Tutorial'}),
  (JMNov2013)-[:CONTAINS]->(Neo4j20Tutorial),
  (SnS:Publisher {name:'S&S Media'})-[:PUBLISHES]->
                                             (JM_DE),

  (MH:Author:Reader{name:'Michael Hunger',
                                  handle:'@mesirii'})
    -[:AUTHORED]->(Neo4j20Tutorial),
  (Neo4j20Tutorial)-[:TAGGED]->(NoSQL:Tag
                                     {name:'NoSQL'}),
  (Neo4j20Tutorial)-[:TAGGED]->(:Tag {name:'tutorial'}),
  (Neo4j20Tutorial)-[:TAGGED]->(:Tag {name:'Neo4j'}),
  (Neo4j20Tutorial)-[:RELATED_TO]->
  (Neo4j20Rel:Content {title:'Neo4j 2.0.1-M05
                                          released'})
    -[:TAGGED]->(NoSQL),
  (Olli:Reader{name:'Oliver Meyer',handle:'@olm'})
    -[:RATED{rating:4}]->(Neo4j20Tutorial);
```

Listing 8.4: Ein einziges Cypher-Statement zum Import

```
BEGIN
// Knoten und Indizes
CREATE INDEX ON :Author(name);
CREATE (:Author {name:"Michael Hunger"});
CREATE (:Author {name:"Peter Neubauer"});
CREATE (:Author {name:"Eberhard Wolff"});
CREATE (:Author {name:"Oliver Gierke"});
CREATE INDEX ON :Publisher(name);
CREATE INDEX ON :Publication(name);
```

```
MERGE (pr:Publisher {name:"S&S Media"}),
      (pn:Publication {name:"Java Magazin"})
CREATE (pr)-[:PUBLISHES]->(pn);
CREATE INDEX ON :Tag(name);
CREATE (:Tag {name:"NoSQL"});
CREATE (:Tag {name:"Neo4j"});
CREATE (:Tag {name:"Spring Data"});
CREATE (:Tag {name:"Tutorial"});
CREATE INDEX ON :Issue(number);
CREATE INDEX ON :Article(title);
// Beziehungen
MERGE (pn:Publication {name:"Java Magazin"}),
    (i:Issue {number:201311}),
    (art:Article {title:"Neo4j 2.0 Tutorial"}),
    (au:Author {title:"Michael Hunger"})
CREATE (i)-[:CONTAINS]->(art),
    (i)-[:ISSUE_OF]->(pn),
    (au)-[:AUTHORED]->(art);
....
MATCH (t:Tag),(art:Article)
WHERE t.name IN ["NoSQL","Neo4j","Tutorial"]
      AND art.title="Neo4j 2.0 Tutorial"
CREATE (art)-[:TAGGED]->tag;
....
COMMIT
```

Listing 8.5: Individuelle Cypher-Statements zum Import

Diese Datei aus Listing 8.5 kann nun mittels der Neo4j Shell geladen werden:

```
./bin/neo4j-shell -path data/graph.db -file articles.cql
```

Beim Einfügen neuer Daten in eine bestehende Datenbank muss man davon ausgehen, dass die Knoten aus einem vorhergehenden Importschritt teilweise schon vorhanden sind. Dann bietet sich an, *MERGE* für Knoten zu benutzen, das einem „erzeuge, wenn nicht vorhanden“ entspricht:

```
MERGE (:Publication {name:"Java Magazin"});
```

Weiterführende Informationen

Für einen schnellen Überblick über die möglichen Ausdrücke ist die Cypher-Referenz empfohlen[3], die auch im Anhang dieses Buchs abgedruckt ist. Als eine interaktive Sandbox hilft die Neo4j-Onlinekonsole[4] zum Lernen und Ausprobieren, und für die Dokumentation von interaktiven Graphmodellen die Neo4j GraphGists[5], die im Kapitel 14 „Interaktive Datenmodelle: GraphGists“ näher vorgestellt werden. Auf *neo4j.org* gibt es ein umfangreiches Onlinetraining[6] sowie die Referenzdokumentation im Handbuch[7].

3 *http://docs.neo4j.org/refcard/*

4 *http://console.neo4j.org*

5 *http://gist.neo4j.org*

6 *http://www.neo4j.org/learn/online_course*

7 *http://docs.neo4j.org/chunked/milestone/cypher-query-lang.html*

## KAPITEL 9

Treiber für den Neo4j-Server

Den nächsten Schritt bildet die programmatische Nutzung des Neo4j-Servers. Wir werden uns die direkte Nutzung des transaktionalen Cypher-HTTP-API zu Gemüte führen und kurz auf einige Treiber für den Neo4j-Server zurückgreifen.

Im Neo4j-Browser können auch HTTP-Kommandos direkt gegen den Neo4j-Server ausgeführt werden. Wie das funktioniert, erfährt man durch *:help REST*. So können wir mittels *:GET /db/data/* die Information (als JSON) sehen, die die verfügbaren Endpunkte des Servers auflisten. Für uns ist hier vor allem */db/data/transaction* von Interesse.

Cypher-HTTP-Endpunkt

Wie schon mehrmals erwähnt, ist das der nagelneue, transaktionale HTTP-Endpunkt für Cypher-Abfragen. Bisher war die Interaktion mit dem Neo4j-Server immer nur auf eine Transaktion pro HTTP-Request beschränkt. Der neue Endpunkt erlaubt es, auf eine geöffnete Transaktion bis zu deren Time-out, Rollback oder Commit weiterzulesen und zu schreiben. Mit jedem Request können mehrere Statements mit Parametern zum Server geschickt werden. In beiden Richtungen wird mittels Streaming der Speicherbedarf minimiert. Ebenso ist der neue Endpunkt deutlich effizienter in Bezug auf die Serialisierung der Ergebnismenge. So werden für Knoten und Beziehungen nur ihre Attribute übertragen; wenn Metainformationen wie Labels, Beziehungstypen oder IDs benötigt werden, muss man sie separat anfordern. (Das kann aber mittels literaler Map-Syntax trotzdem als kompaktes Ergebnis ausgeliefert werden.)

Neben den Endpunkten zum Offenhalten einer Transaktion über mehrere Requests kann man auch direkt mehrere Cypher-Abfragen innerhalb der Transaktion eines Requests ablaufen lassen und diese dann unmittelbar erfolgreich abschließen. Die notwendige HTTP-Syntax zeigt Listing 9.1.

```
:POST /db/data/transaction/commit
{"statements": [
{"statement" :"MATCH (movie:Movie)<-[:ACTED_IN]-(actor)
               WHERE movie.title = {title}
               RETURN movie.title, collect(actor.name)
                                                AS cast",
 "parameters":{"title":"The Matrix"}}
]}
```

Listing 9.1

Das Ergebnis sieht so aus:

```
{"results":[{
  "columns":["movie.title","cast"],
  "data":[
   {"row":["The Matrix",
          ["Keanu Reeves","Carrie-Anne Moss",...]]}]}],
 "errors":[]}
```

Damit kennen wir die wichtigsten API-Bestandteile, die wir benötigen, um den Neo4j-Server programmatisch zu nutzen:

- Endpunkt: */db/data/transaction[/commit]*
- Parameterstruktur: *{"statements": [{"statement" :"abfrage...", "parameters":{"name":"wert"}},...]}*
- Ergebnisstruktur: *{"results":[{"columns":["Spalte1",...], "data":[{"row":["Wert1",Wert2, ...]}, ...]}], "errors":[...]}*

Das Cypher-API verhält sich in diesem Fall wie SQL: Text mit Parametern zum Server schicken und tabellarische Ergebnisse zurückerhalten.

Transaktionale Nutzung

Der Unterschied bei der Nutzung von Transaktionen über mehrere Requests hinweg ist nun, dass man den */db/data/transaction*-Endpunkt aufruft und dann als Teil des Ergebnisses einen Transaktions-URL als HTTP-Location-Header zurückbekommt (z. B. */db/data/transaction/42*) und ein Feld mit dem Commit-URL als Teil des Ergebnis-JSONs (z. B. */db/data/transaction/42/commit*). Zum Transaktions-URL würde man dann weitere lesende oder schreibende Abfragen senden und den Commit-URL zum erfolgreichen Abschluss aufrufen. Mehr Details im Neo4j-Handbuch[1].

Ein beispielhafter Ablauf dafür wird in Listing 9.2 deutlich gemacht.

```
Aktualisierung: POST /db/data/transaction
{"statements":[
 {"statement": "CREATE (u:Person {login:{name}}) RETURN u",
  "parameters":{"name":"Peter"}}]}
```

1 *http://docs.neo4j.org/chunked/milestone/rest-api-transactional.html*

```
Ergebnis: ==> 201 Created
{"commit": "http://localhost:7474/db/data/transaction/4/
                                                commit",
"results":
 [{
 "columns":["u"],
 "data":[{"row":[{"login":"Peter"}]}]}],
 "transaction":{"expires":"Wed, 18 Sep 2013 14:36:26
                                                +0000"},
 "errors":[]}

Abfrage: POST /db/data/transaction/4
 {"statements": [{"statement":"MATCH (u:User) RETURN
                                                  u"}]}

Ergebnis: ==> 200 OK
{"commit":
 "http://localhost:7474/db/data/transaction/4/commit",
 "results":
 [{"columns":["u"],
   "data":[{"row":[{"login":"Peter"}]}]}],
   "transaction":{"expires":"Wed, 18 Sep 2013
                                          14:39:05.."},
   "errors":[]}

Commit: POST /db/data/transaction/4/commit
Ergebnis: ==> 200 OK
{"results":[],"errors":[]}
```

Listing 9.2

Ein einfacher Neo4j-HTTP-Client

Zum einen können wir uns einfach bei einer der vielen Java-HTTP-Bibliotheken[2] wie Apache HttpClient bedienen. Zum Aus-

2 *https://github.com/jexp/cypher-http-examples*

führen von Cypher-Statements sollten wir ein minimales Interface (Listing 9.3) deklarieren, dessen Implementierung dann auf die HTTP-Bibliothek abgebildet wird. Das reicht für die meisten Anwendungsfälle schon aus.

```
public interface CypherExecutor {
  Iterator<Map<String,Object>>
    query(String statement, Map<~> params);
}
```

Listing 9.3

Ein ausführlicheres Interfacedesign eines Treibers zeigt Listing 9.4, eine beispielhafte Referenzimplementierung ist unter *https://github.com/jakewins/neo4j_driver* zu finden.

```
interface Driver {
  Session connect(URL url);
}
interface Session {
  Transaction newTransaction();
}
interface Transaction extends AutoCloseable {
  Result
  execute( String query, Map<String, Object> params );
  void success();
}
interface Result extends AutoCloseable {
  boolean next();
  List<String> columns();
  <T> T getValue( Class<? extends T> type, String column );
  Map<String, Object> getRow();
}
```

Listing 9.4

Mit dieser minimalen Infrastruktur kann man leicht Anwendungen entwickeln, die die Graphdatenbank benutzen. Oft möchte man sich den Aufwand für diese Eigenimplementierung jedoch sparen und direkt vorhandene Treiber benutzen, die den Zugriff auf Neo4j bereitstellen. Daher soll im Folgenden ein kurzer Überblick über einige JVM-basierte Treiber für Neo4js-Server-APIs gegeben werden. Für andere Programmiersprachen, wie z. B. JavaScript, .NET, Python, Ruby, Go, Perl und PHP gibt es ebenso eine große Auswahl von Treibern[3] für den Neo4j-Server.

Neo4j-JDBC-Treiber

Der Neo4j-JDBC-Treiber[4] wurde von Rickard Öberg und mir entwickelt, als einfacher Weg, Neo4js Cypher-Schnittstellen in einem Java-Programm zu nutzen. Wie schon erwähnt, hat das Interaktionsmodell von Cypher viele Ähnlichkeiten mit SQL/JDBC – wir senden parametrisierten Text zum Server und erhalten tabellarische Ergebnisse zurück.

Der JDBC-Treiber kann nicht nur mit dem Neo4j-Server interagieren, sondern auch mit Neo4j-Datenbanken, die auf dem Dateisystem vorhanden sind oder die als Bibliothek im Java-Prozess mitlaufen. Eine Variante (zum Testen) stellt auch eine In-Memory-Datenbank zur Verfügung (Listing 9.5).

```
Connection conn = driver.
  connect("jdbc:neo4j://localhost:7474", props);

PreparedStatement ps = conn.prepareStatement("
    MATCH (user {name:{1}})-[:KNOWS]->(friend)
    RETURN friend.name as friends");
ps.setLong(1,"Peter");
ResultSet rs = ps.executeQuery();
```

3 *http://neo4j.org/drivers*

4 *http://github.com/neo4j-contrib/neo4j-jdbc*

```
while (rs.next()) {
  rs.getString("friends");
}
```

Listing 9.5

Der Neo4j-JDBC-Treiber unterstützt auch transaktionale Operationen mittels *conn.setAutoCommit(false)* und *conn.commit()*. Wenn nicht angegeben, wird im Autocommit-Modus nach jeder Abfrage ein Commit ausgeführt.

AnormCypher

AnormCypher[5] ist eine Scala-Bibliothek von Wes Freeman, die ähnlich zur bekannten Anorm-SQL-Bibliothek von Scala/Play die Interaktion mit Neo4j sehr einfach gestaltet (Listing 9.6).

```
import org.anormcypher._
Neo4jREST.setServer("localhost", 7474, "/db/data/",
                    "username", "password")
// Testdaten
Cypher("""
   create ({name:"Peter"})-[:KNOWS]>({name:"Andres"})
       """).execute()
// Abfrage
val req = Cypher("""
    MATCH user-[:KNOWS]-(friend)
    WHERE user.name = {name}
    RETURN friend.name as friends
""")
// Ergebnis-Stream
val stream = req().on("name" -> "Peter")

// Ergebniswerte auslesen und in Liste wandeln
stream.map(row => {row[String]("friends")}).toList
```

Listing 9.6

5 *http://anormcypher.org*

NeoCons

NeoCons[6] ist eine Clojure-Bibliothek, die von ClojureWerkz entwickelt wurde. Sie stellt einen idiomatischen Zugriff auf Neo4j für Clojure-Entwickler bereit (Listing 9.7).

```
 (ns neocons.docs.examples
  (:require [clojurewerkz.neocons.rest :as nr]
            [clojurewerkz.neocons.rest.cypher :as cy]))
(defn -main  [& args]

  (nr/connect! "http://username:password@host:
                                            port/db/data/")
  (let [query
         "MATCH (user {name:{name}})-[:KNOWS]-(friend)
          RETURN friend.name as friends"
       res (cy/tquery query {:name "Peter"})]
    (println res)))
```

Listing 9.7

Mit einer dieser Zugriffsmöglichkeiten sollte es einfach sein, Daten in Neo4j zu importieren und auch eine Anwendung zu schreiben, die diese Daten aktualisiert, abfragt und visualisiert.

6 *http://clojureneo4j.info*

## KAPITEL 10

Webanwendung mit Neo4j-Backend

In diesem Kapitel soll das bisher Dargestellte endlich einmal praktisch angewandt werden. Das Ziel ist, eine minimale Web-App zur Interaktion mit der Graphdatenbank inklusive CRUD-Operationen, Empfehlungsmaschine und sogar Visualisierung, die wir dann auf Heroku deployen, und das GrapheneDB-Neo4j-Add-on benutzen.

Für unsere Datenbank von Schauspielern und Filmen bietet sich eine IMDB-ähnliche Webanwendung an. Wir nutzen unser vorhandenes Datenset aus dem *:play movies*-Kommando des Neo4j-Browsers. Um die Elemente einfach extern adressierbar zu machen, erstellen wir eine externe ID für alle Knoten mit folgendem Statement:

```
CREATE (n {id:0}) WITH n
MATCH (m)
WHERE m <> n
SET m.id = n.id SET n.id = n.id + 1
WITH n,count(*) as updates
DELETE n
RETURN updates
```

Unsere Anwendung hat folgende Bestandteile:

1. Suche nach Schauspielern oder Filmen, Anzeige von Filmen mit Cast und Schauspielern mit Filmografie
2. Anzeige eines Films oder Schauspielers
3. Anzeige der Bacon Number für einen Schauspieler
4. Rating von Filmen und Schauspielern
5. Einfache Visualisierung

Um das Webframework für die Anwendung minimal zu halten, habe ich nach kurzer Entscheidungsfindung Spark[1] gewählt, ein schnelles und kompaktes Webframework in Java, das am Ruby-Framework Sinatra orientiert ist. Der Neo4j-Server wird über eine Umgebungsvariable zur Verfügung gestellt: *NEO4J_URL*, genauso wie der Port der Anwendung in *PORT*. Damit steht auch dem Deployment auf Heroku nichts im Weg.

In Spark werden Routen für die einzelnen Endpunkte definiert, die dann auf Query- und Pfadparameter zugreifen können. Diese Routen greifen auf den Neo4j-Service zu, der vorher instanziiert wurde. In unserem Fall ist das nur eine Komponente, die Cypher-Abfragen gegen einen Server ausführen kann; welche wir dabei benutzen, ob einen selbstgeschriebenen HTTP-Client oder andere Treiber wie Neo4j-JDBC, bleibt uns überlassen.

Im Endeffekt sind alle Endpunkte ähnlich implementiert. Ausgehend von den Parametern des HTTP-Requests wird eine parametrisierte Cypher-Abfrage an den Neo4j-Server geschickt, deren Ergebnisse als JSON-Objekte direkt in Maps und Listen umgewandelt werden können. Diese stehen dann der Webseite als JSON-Endpunkte (für AJAX-Abfragen) zur Anzeige zur Verfügung.

1 *http://www.sparkjava.com/readme.html*

Eine nette Beigabe von Neo4j 2.0 ist die Unterstützung von literalen Maps als Ausdrücke in Cypher. Damit kann man einfach eine dokumentenbasierte Projektion komplexer Graphabfragen realisieren, die von der Nutzeroberfläche (Web, JavaScript) meist direkt verarbeitet werden. Die Webanwendung in Spark zeigt Listing 10.1, MovieService mit Executor und vordefinierten Cypher-Abfragen zeigt Listing 10.2. Im Web-UI wird dieser Endpunkt dann nur mittels jQuery angesprochen (Listing 10.3).

```
public static void main(String[] args) {
  setPort(getPort());
  externalStaticFileLocation("src/main/resources/
                                               public");
  final MovieService service = new
                                MovieService(getUrl());
  get(new JsonTransformerRoute("/movie/:id") {
      public Object handle(Request request,Response
                                           response) {
        return service.findMovie(request.params("id"));
      }
  });
  get(new JsonTransformerRoute("/search") {
      public Object handle(Request request,Response
                                           response) {
        return service.search(request.queryParams("q"));
      }
  });
}
```

Listing 10.1

```
public class MovieService {
  private final CypherExecutor cypher;

  public MovieService(String uri) {
    cypher = createCypherExecutor(uri);
```

```
  }
  private CypherExecutor createCypherExecutor(
                                          String uri) {
    return new JdbcCypherExecutor(uri);
    // return new JavaLiteCypherExecutor(uri);
    // return new RestApiCypherExecutor(uri);
  }
  public Map findMovie(String id) {
    if (id==null) return Collections.emptyMap();
    return IteratorUtil.singleOrNull(cypher.query(
        "MATCH (movie:Movie)<-[:ACTED_IN]-(actor) " +
        " WHERE movie.id = {id} " +
        " WITH movie, collect(actor.name) as cast " +
        " RETURN {title: movie.title, cast:cast} AS
                                              movie",
        map("id", id)));
  }
  public Iterable<Map<String,Object>> search(
                                        String query) {
    if (query==null || query.trim().isEmpty())
    return Collections.emptyList();
    return IteratorUtil.asCollection(cypher.query(
        "MATCH (movie:Movie)<-[:ACTED_IN]-(actor)" +
        " WHERE movie.title =~ {query} " +
        " WITH movie, collect(actor.name) as cast " +
        " RETURN { id: movie.id, title: movie.title,
          cast: cast} as movie",
        map("query", "(?i).*"+query+".*")));
  }
}
```

Listing 10.2

```
<script type="text/javascript">
  $(function () {
      $("#search").submit(function () {
          var query=$("#search")
```

```
        .find("input[name=search]").val();
        $.get("/search?q=" + encodeURIComponent(query),
          function (data) {
            var t = $("table#results tbody").empty();
            data.forEach(function (row) {
                t.append($("<tr>" +
                    "<td>" + row.movie.title + "</td>" +
                    "<td>" + row.movie.cast  + "</td>" +
                    "</tr>"))
            })
        },"json");
        return false;
    })
  })
</script>
```

Listing 10.3

Dasselbe passiert bei Aktualisierungen der Daten. Sie können zusammen meist mit den Leseoperationen in einer oder mehreren Abfragen ausgeführt werden.

Cloud-Deployment auf Heroku

Für das Deployment auf Heroku fehlt nicht viel: Zuerst das appassembler-Maven-Plug-in hinzufügen, damit ein einfaches Starten unserer Spark-Main-Klasse möglich ist (komplexere Alternative ist ein WAR-Deployment). Des Weiteren benötigen wir ein minimales Procfile für Heroku mit nur einer Zeile:

```
web: sh target/bin/webapp
```

Dann noch mit *git init* ein Git Repository initialisieren und mit der vorher installierten Heroku-Kommandozeilenanwendung (alternativ auch die IDE-Plug-ins für IntelliJ IDEA oder Eclipse) die Anwendung erzeugen und das Neo4j-Add-on hinzufügen.

Es stellt den Neo4j-Server-URL in einer Umgebungsvariablen (*GRAPHENEDB_URL*) zur Verfügung, die man mit *System.getenv("GRAPHENEDB_URL")* einbinden kann:

```
git init
heroku apps:create <app-name>
heroku addons:add graphenedb [--version=v200]
heroku config
git add src pom.xml Procfile
git commit -m"heroku deployment"
git push heroku master
```

Dieser Aufruf des Heroku-Tools führt die oben angegebenen Schritte durch und sollte zum Schluss die *GRAPHENEDB_URL* für Neo4j anzeigen. Dann fehlt nur noch ein *git push heroku master* und die Anwendung wird gestartet und steht zur Nutzung bereit.

Visualisierung

Die grafische Darstellung als Teil der Webanwendung nutzt eine der mannigfaltigen JavaScript-Visualisierungsbibliotheken namens D3 (*d3js.org*). Sie hat ein einfaches Modell für die Verarbeitung von Daten, mit dem man sehr schnell vielfältige Visualisierungen erzeugen kann.

Wir wollen in diesem Fall nur ein einfaches Force-Layout für die Visualisierung benutzen und die Namen der Schauspieler sowie Titel der Filme als Tooltipps anzeigen. Für die Bereitstellung der Daten werden JSON-Strukturen genutzt. Eine Knoten- und eine Kantenliste sind alles, was wir benötigen, dabei verweisen die src- und target-Attribute der Kantenliste auf die Position des (Start- bzw. End-)Knotens in der Knotenliste. Zuerst einmal zeigt Listing 10.4 die Cypher-Abfrage, die uns die Daten liefert, an denen wir interessiert sind. Abbildung 10.1 zeigt das Ergebnis.

```
MATCH (m:Movie)<-[:ACTED_IN]-(a:Actor)
  RETURN m.title as movie, collect(a.name) as cast

public static void main(String[] args) {
    ....
    get(new JsonTransformerRoute("/graph") {
        public Object handle(Request request,
                                        Response response) {
          int limit = request.queryParams("limit") ...
          return service.graph(limit);
        }
    });
  }

  public Map<String, Object> graph(int limit) {
    Iterator<Map<String,Object>> result = cypher.query(
      "MATCH (m:Movie)<-[:ACTED_IN]-(a:Actor) " +
      " RETURN m.title as movie, collect(a.name)
                                             as cast " +
      " LIMIT {limit}", map("limit",limit));
        List nodes = new ArrayList();
        List rels= new ArrayList();
        int i=0;
        while (result.hasNext()) {
            Map<String, Object> row = result.next();
            nodes.add(map("title",row.get("movie"),
                "label","movie"));
            int target=i;
            i++;
            for (Object name : (Collection) row.
                                          get("cast")) {
              Map<String, Object> actor =
              map("title", name,"label","actor");
              int source = nodes.indexOf(actor);
              if (source == -1) {
                nodes.add(actor);
                source = i++;
```

```
            }
            rels.add(map("source",source,"target",
                                          target));
        }
    }
    return map("nodes", nodes, "links", rels);
}

<script src="http://d3js.org/d3.v3.min.js"
            type= "text/javascript"></script>
<script type="text/javascript">
var width = 800, height = 600;
var force = d3.layout.force()
.charge(-200).linkDistance(30).size([width,
                                          height]);
var svg = d3.select("body").append("svg")
.attr("width", width).attr("height", height);
d3.json("/graph", function(error, graph) {
    force.nodes(graph.nodes).links(graph.links).
                                          start();
    var link = svg.selectAll(".link")
    .data(graph.links).enter()
    .append("line").attr("class", "link");
    var node = svg.selectAll(".node")
    .data(graph.nodes).enter()
    .append("circle")
    .attr("class",
      function (n) { return "node "+n.label })
    .attr("r", 10)
    .call(force.drag);
    // html title attribute
    node.append("title")
    .text(function (n) { return n.title; })
    // force feed algo ticks
    force.on("tick", function() {
        link.attr("x1", function(r) { return
                                   r.source.x; })
```

```
            .attr("y1", function(r) { return r.source.y; })
            .attr("x2", function(r) { return r.target.x; })
           .attr("y2", function(r) { return r.target.y; });
            node.attr("cx", function(n) { return n.x; })
             .attr("cy", function(n) { return n.y; });
        });
    });
</script>
```

Listing 10.4

Visualization

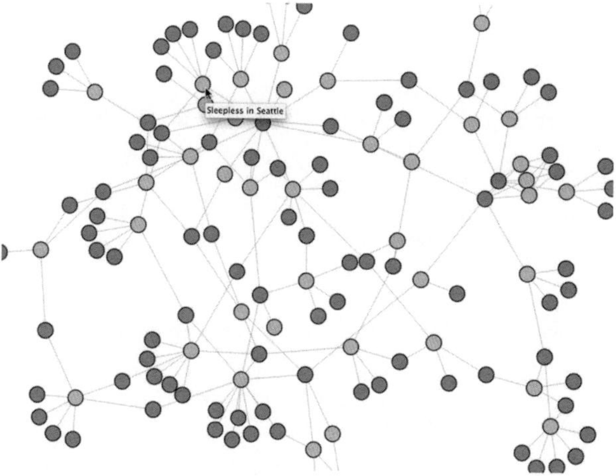

Abbildung 10.1: Ergebnis von Listing 10.4

Komplexe Abfragen

Eine Graphdatenbank wäre nicht vonnöten, wenn man nur ein paar einfache Abfragen, wie bisher gesehen, ausführen möchte. Daher sollen in diesem Abschnitt komplexere Anwendungsfälle und die dazugehörigen Abfragen gezeigt werden:

Hinzufügen eines *:Actor*-Labels für alle Schauspieler:

```
MATCH (:Movie)<-[:ACTED_IN]-(actor:Person)
SET actor:Actor
Schauspieler eines Films
MATCH (movie:Movie)<-[role:ACTED_IN]-(actor)
RETURN movie.title, collect({ role : role.roles, name:
                                    actor.name }) as cast
ORDER BY movie.title
LIMIT 10;
```

Fünf Lieblingsregisseure eines Schauspielers (Keanu Reeves):

```
MATCH (actor:Actor)-[:ACTED_IN]->()<-[:DIRECTED]-
                                              (director)
WHERE actor.name = {name}
RETURN director.name,count(*)
ORDER BY count(*) DESC
LIMIT 5;
```

Erzeugen von *:KNOWS*-Beziehungen zwischen Kollegen:

```
MATCH (p1:Person)-[:ACTED_IN|:DIRECTED]->()
                <-[:ACTED_IN|:DIRECTED]-(p2:Person)
CREATE UNIQUE (p1)-[:KNOWS]-(p2)
```

Kürzester Pfad (Bacon Number) zwischen Schauspielern und Kevin Bacon:

```
MATCH path=shortestPath((kevin:Actor)-[:KNOWS*]-
                                          (other:Actor))
WHERE kevin.name="Kevin Bacon"
```

```
RETURN other.name, length(path) as baconNumber
ORDER BY baconNumber ASC
LIMIT 10
```

Empfehlung für das Zusammenarbeiten an einem Film, „Freundes-Freunde“ für Keanu Reeves:

```
MATCH (keanu:Actor {})-[:KNOWS*2]-(other:Actor)
WHERE keanu.name="Keanu Reeves"
  AND keanu <> other
  AND NOT (keanu)-[:KNOWS]-(other)
RETURN other.name, count(*) as mentions
ORDER BY mentions desc
LIMIT 10
```

Ähnliche Nutzer finden:

```
MATCH (me:User)-[r1:RATED]->(movie)<-[r2:RATED]-
(other:User)
WHERE me.name = "Michael"
// Abstand der Ratings minimal
AND abs(r1.stars - r2.stars) < 2
RETURN other.name, count(*) as matches
ORDER BY matches desc
LIMIT 10
```

Empfehlungen aufgrund des Rating-Verhaltens der mir ähnlichen Nutzer:

```
MATCH (me:User)-[r1:RATED]->()<-[r2:RATED]-
      (other:User)-[r3:RATED]->(movie)
WHERE me.name = "Michael"
AND abs(r1.stars - r2.stars) < 2
AND r3.stars > 3
RETURN movie.title, avg(r3.stars) as rating,
       count(*) as mentions
ORDER BY rating DESC, mentions DESC
LIMIT 5
```

Testen von Neo4j-Anwendungen

Für den Test von Code oder Anwendungen gegen Neo4j-Server gibt es verschiedene Wege. Der direkteste ist, einfach vor dem Testlauf einen Server zu starten und vor jedem Test die Datenbank mittels eines Cypher-Statements wie *MATCH (n) OPTIONAL MATCH (n)-[r]-() DELETE n,r* zu bereinigen. Dann kann jeder Test seine Testdaten im Setup erzeugen. Tests, die nur lesen, können sich ggf. ein Setup teilen.

Alternativ würde man sich im Unit-Test-Setup einen eingebetteten Server erzeugen (*ServerHelper* aus den Test-Jars des Neo4j-Servers), der eine In-Memory-Datenbank (*ImpermanentGraphDatabase*) nutzt, die sich leicht säubern lässt und gegen die man auch Assertions ausführen kann (*server.getDatabase().getGraph()*). Listing 10.5 zeigt ein Beispiel.

```
import org.neo4j.server.helpers.ServerHelper;
@BeforeClass
public static void startServer() {
  if (neoServer!=null)
    throw new IllegalStateException("Server running");
    neoServer = ServerHelper.createNonPersistentServer();
    neoServer.start();
}
@AfterClass
public static void stopServer() {
  if (server==null) return;
    neoServer.stop();
    neoServer=null;
}
@Before
public void setUp() {
  ServerHelper.cleanTheDatabase( neoServer )
}
```

Listing 10.5

Ein weiterer Weg steht mittels der NoSQL-Unit-Bibliothek von Alex Soto zur Verfügung, die auch Module für Neo4j und Spring Data Neo4j enthält[2].

Fazit

Der zweite Teil des Buchs hat sich mit der praktischeren Nutzung von Neo4j beschäftigt, beginnend mit Einführung in die Neo4j-APIs und Cypher, der Installation des Neo4j-Servers über die programmatische Nutzung des transaktionalen Cypher-HTTP-Endpunkts bis zur Implementierung einer minimalen Webanwendung, die diese Bestandteile zusammenführt.

In den nächsten Kapiteln wollen wir mehr auf praktische Aspekte bei der Nutzung von Neo4j im Projektalltag, wie die Modellierung von Graphen, zusätzliche Navigationsstrukturen und Performancebetrachtungen eingehen. Es wird später auch wieder etwas Java-Code geben, diesmal eine Servererweiterung von Neo4j, die auf dem Java-API aufsetzt, sowie einen Überblick über Spring Data Neo4j.

2 *http://www.lordofthejars.com/2012/08/nosqlunit-032-released.html*

## KAPITEL 11

Inkrementelles Datenmodellieren

Die Graphdatenbank mit ihrem flexiblen Datenmodell bietet eine Menge Möglichkeiten für die Modellierung der vielfältigsten Domänen. Wie immer in der Modellierung gibt es mehrere Wege vorzugehen.

Wir wollen einen inkrementellen Ansatz nutzen, der von meinem Kollegen Ian Robinson stammt und von ihm oft in Kundenprojekten genutzt wird. Bei der Graphmodellierung ist es verlockend, einfach alle Informationen, so wie sie in der realen Welt oder in einer anderen Datenbank vorliegen, 1:1 in den Graphen zu übernehmen. Es ist aber schon sinnvoll, das Modell an die konkreten Anwendungsfälle anzupassen und den Graph gemeinsam mit dem System weiterzuentwickeln.

Für diesen Modellierungsansatz beginnt man mit dem Anwendungsfall, den man abbilden möchte und arbeitet sich dann iterativ in sechs kurzen Schritten über Informationsextraktion, Musteridentifikation und Abfragedeklaration bis zur nächsten Version des Graphmodells vor. Danach kann es in die nächste Runde gehen. In der Praxis wird man diese Schritte ohne bewusste Grenzen direkt hintereinander ausführen, sie werden hier nur zu Anschauungszwecken getrennt dargestellt. Konkret sind das:

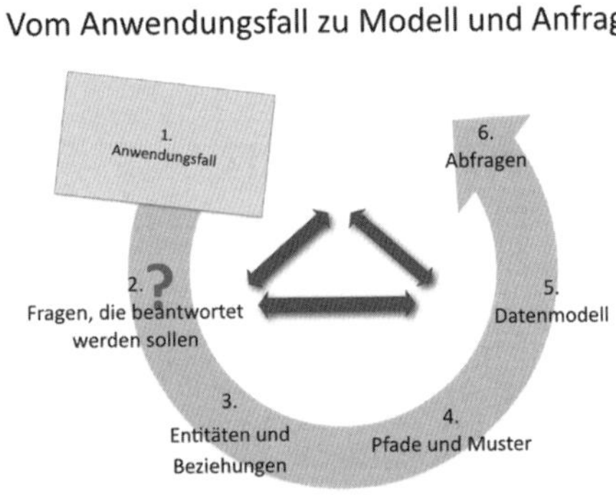

Schauen wir uns die Schritte im Einzelnen am konkreten Beispiel an.

1. Anwendungsfall und Ziele der Nutzer identifizieren

Eine typische User Story kann so aussehen: *Als ein Nutzer möchte ich Empfehlungen für Filme mit Schauspielern, die ich positiv bewertet habe, erhalten, sodass ich gut unterhalten werde.*

2. Fragen herausfinden, die mithilfe der Domäne beantwortet werden sollen

Aus der Story können wir die Frage(n) ableiten, die darin enthalten sind. In diesem Fall ist das nur diese eine: *Welche Schauspieler, die ich mag, haben in Filmen mitgespielt, die ich noch nicht gesehen habe?*

Weitere Aufgaben im System wären die Anlage und Verwaltung (CRUD) der notwendigen Entitäten und Beziehungen.

3. Entitäten in jeder Frage bestimmen

Das ist etwas, dass wir schon aus der objektorientierten Analyse kennen. Da das Graphmodell dem Objektmodell sehr ähnlich ist, können wir hier dieselbe Herangehensweise wählen: *Welche Schauspieler, die ich mag, haben in Filmen mitgespielt, die ich noch nicht gesehen habe?*

- Schauspieler -> Actor
- Filme -> Movie
- ich -> User

Genauso markieren wir die Verben, die auf Beziehungen abgebildet werden: *Welche Schauspieler, die ich mag, haben in Filmen mitgespielt, die ich noch nicht gesehen habe?*

- User **LIKED** Actor
- Actor **ACTED_IN** Movie
- User **VIEWED** Movie

4. Entitäten und Beziehungen zu Cypher-Pfaden zusammensetzen

Diese Pfade sind die Basis des Datenmodells, sie enthalten die grundlegenden Strukturen, aus denen sich dann das komplexere Graphmodell schrittweise aufbaut. Entitäten werden auf Labels im Property-Graphen abgebildet und Beziehungen als Beziehungstypen (und Richtungen) modelliert.

- *(:Label)-[:BEZIEHUNGSTYP]->(:Label)*
- *(:User) -[:LIKED]->(:Actor)*
- *(:Actor)-[:ACTED_IN]->(:Movie)*
- *(:User)-[:VIEWED]->(:Movie)*

5. Datenmodell entwickeln

Im konkreten Modell mit Beispieldaten würde es dann aussehen wie in Abbildung 11.1. Dieses Modell erweitert man dann sukzessive und iterativ mit anderen Anwendungsfällen und neuen Strukturen, bis man alle Informationen abdeckt, die für die Anwendung relevant sind.

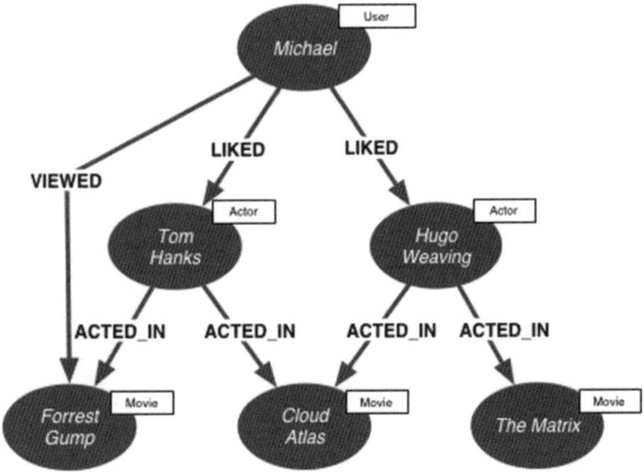

Abbildung 11.1: Modell mit Beispieldaten

6. Abfragen mithilfe der Pfade als Muster im Graphen notieren

Graphabfragen auf der Grundlage dieser Muster entwickeln: *Welche* Schauspieler, *die* ich MAG, *haben in* Filmen MITGESPIELT, *die* ich *noch nicht* GESEHEN HABE?

Diese Cypher-Muster sind relevant für unsere Abfragen:

```
(:User)-[:LIKED]->(:Actor)-[:ACTED_IN]->(:Movie)
NOT (:User)-[:VIEWED]->(:Movie)
```

Konkret würde unsere Abfrage dann aussehen wie in Listing 11.1, wir müssten nur den Startnutzer sowie Rückgabewerte, Aggregation und Sortierung hinzufügen. Und Abbildung 11.2 zeigt den ganzen Ansatz noch einmal im Überblick.

```
MATCH (user:User)-[:LIKES]->(actor:Actor)-[:ACTED_IN]
                                                ->(movie)
WHERE  user.name = {name} AND NOT (user)-[:VIEWED]
                                                ->(movie)
RETURN movie.title AS title,
       count(actor) AS score,
       collect(actor.name) AS favorites
ORDER BY score DESC
LIMIT 10
```

Listing 11.1

Evolution des Datenmodells

Natürlich wird man nicht bei einem Stand des Datenmodells verweilen, sondern es mit den wechselnden Anforderungen der Anwendung kontinuierlich weiterentwickeln. Andere Änderungsgründe sind das bessere Verständnis der Domäne oder die Optimierung von wichtigen Abfragen.

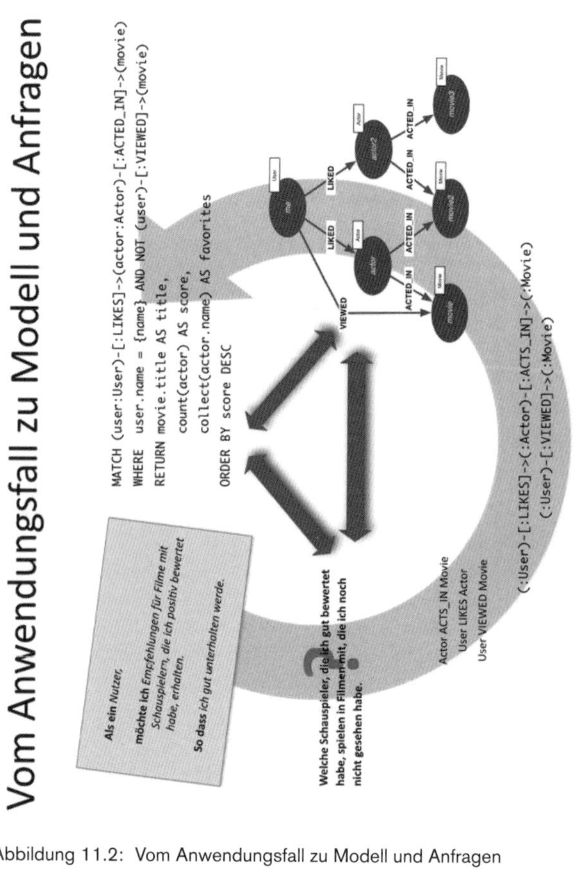

Abbildung 11.2: Vom Anwendungsfall zu Modell und Anfragen

Im Allgemeinen sind NoSQL-Datenbanken wie Neo4j flexibler und agiler in der dynamischen Anwendungsentwicklung, da sie durch den Verzicht auf ein singuläres Schema mehrere Versionen des Datenmodells zur gleichen Zeit beinhalten können. Für die Migration der Datenstrukturen gelten aber trotzdem noch viele der Pattern, die in „Refactoring Databases“ von Scott Ambler und Pramod Sadalage erläutert werden.

Die notwendige Datenmigration kann man entweder direkt auf der ganzen Datenbank, z. B. mittels Cypher-Statements vornehmen (Wir erinnern uns, dass ein Statement Strukturen auffinden, verändern und löschen kann.).

Für bestimmte, wichtige Operationen, wie z. B. das Befördern einer Beziehung zu einem Knoten, weil man gelernt hat, dass sie doch ein zu wichtiges Konzept in der Domäne darstellt, gibt es schon Ideen für „Refactorings“[1].

Die Migration des Modells kann aber auch „lazy“ beim Laden der Daten erfolgen. Damit muss man z. B. „alte“ Daten nicht ändern, solange sie nicht benötigt werden und erst bei der nächsten Nutzung werden die neuen Attribute, Strukturen und Veränderungen erstellt.

1 *https://vimeo.com/76710631*

## KAPITEL 12

Datenimport

Wichtig ist, sich vor dem Import der Daten Gedanken um das Graphmodell zu machen, das man in seiner Anwendung nutzen möchte. Die Entwicklung eines sinnvollen Graphmodells wurde im vorigen Kapitel ausführlich behandelt. Das Modell kann natürlich iterativ weiterentwickelt werden. Es ist sinnvoll, einen Rahmen zu haben, in den man Daten aus anderen Quellen einfügen kann. Eine 1:1-Abbildung von anderen Datenmodellen in den Graph ist meist nicht zielführend.

Der Datenimport kann, wie schon gesehen, durch das Ausführen von einzelnen Cypher-Statements im Neo4j-Browser erfolgen. Des Weiteren können viele Create-Statements in einer Datei mittels der Neo4j Shell importiert[1] oder von einem Programm aus gegen den Neo4j-Server ausgeführt werden (dann parametrisiert).

Für erweiterte Importmöglichkeiten mit der Neo4j Shell habe ich eine Reihe von Tools Open Source veröffentlicht[2].

Je nach zu importierender Datenmenge und Datenquelle gibt es für die Erzeugung der Abfragen verschiedene Möglichkeiten. Die Statements können für ein kleines Demonstrationsdatenset von Hand geschrieben werden. Ausgehend von CSV-Dateien oder

1 *bin/neo4j-shell -file import.cql*

2 *http://github.com/jexp/neo4j-shell-tools*

anderen tabellarischen Quellen kann man einfach mittels Stringkonstruktion in einer Tabellenkalkulation Cypher-Abfragen zusammenstückeln. Das ist besonders bei Nichtentwicklern beliebt (Beispiele siehe *http://blog.bruggen.com*).

Normalerweise würde man aber in einem Programm oder Skript die Daten aus der Datenquelle (Datenbank, CSV-Datei, XML-Dump) lesen und vorgefertigte Statements parametrisiert an den Server schicken. Wichtig ist beim Import größerer Datenmengen, dass man die Transaktionsgröße im Auge behalten sollte. Sowohl zu kleine als auch zu große Transaktionsgrößen machen sich negativ bemerkbar. Es wird empfohlen, zwischen 30 000 und 50 000 Elemente in einer Transaktion einzufügen/zu aktualisieren (Abbildung 12.1).

Für den einmaligen Import größerer Datenmengen (mehr als 100 M Knoten) wird empfohlen, das schon kurz gezeigte, nicht transaktionale Batch-Inserter-API zu nutzen. Es kann sehr schnell große Mengen von Knoten-, Beziehungs- und Attributsstrukturen in der Datenbank anlegen. Für einen komfortablen Import aus CSV-Dateien erfreut sich mein Batch Importer einiger Beliebtheit[3].

Dort ist es dann auch wichtig, die Speicherkonfiguration von Neo4j (Memory Mapping) an die zu erwartenden Datenbankgrößen anzupassen, um eine effektive Schreiblast zu erreichen.

3 *http://github.com/jexp/batch-import*

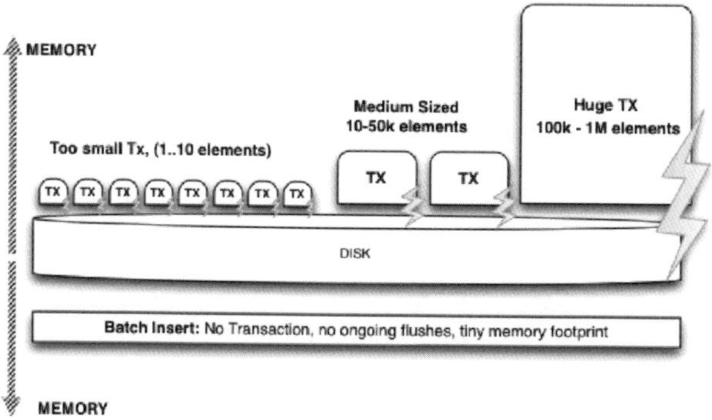

Abbildung 12.1: Transaktionsgröße im Auge behalten!

## KAPITEL 13

Anwendungsfälle für Graphdatenbanken

Normalerweise denkt man, wenn man über Graphdatenbanken spricht, nur an wenige Anwendungsfälle. Bevorzugt soziale Netzwerke und ggf. noch Routenfindung und Empfehlungsermittlung. Schaut man sich aber die Breite des Einsatzes von Graphdatenbanken an, kommt man aus dem Staunen nicht heraus. Um einige der vielfältigen Anwendungsfälle zu erläutern, nehmen wir Anleihe beim Neo4j-Intro-Training[1].

Autorisierung mit komplexem Rechtemanagement

Die Modellierung von Rechten, die ein Nutzer auf Dokumenten, Diensten und anderen Assets hat, besteht aus einigen wenigen Elementen deren, Komposition aber hochkomplexe Regelwerke abbilden kann. So sind verschachtelte Hierarchien von Nutzern, Gruppen, Erlaubnissen und Verboten ausreichend, um die meisten Einsatzfälle von Autorisationsanforderungen abzudecken.

Das Problem bei der Auflösung dieser Rechte in einer relationalen Datenbank ist die JOIN-Performance. Daher wird oft auf Vorberechnung der Daten in eine eindimensionale Struktur gesetzt.

1 *http://neo4j.org/learn/online_course*, siehe auch *http://www.neotechnology.com/customers*

Dieser Batch-Prozess wird mit wachsendem Datenvolumen aber zu langsam und arbeitet sowieso mit veralteten Daten.

Mit einer Graphdatenbank reicht es, die Pfade zwischen Nutzer und Asset auf das Vorhandensein mindestens einer Erlaubnis und keines Verbots zu prüfen, was mit den Traversal-Mechanismen von Neo4j leicht möglich ist.

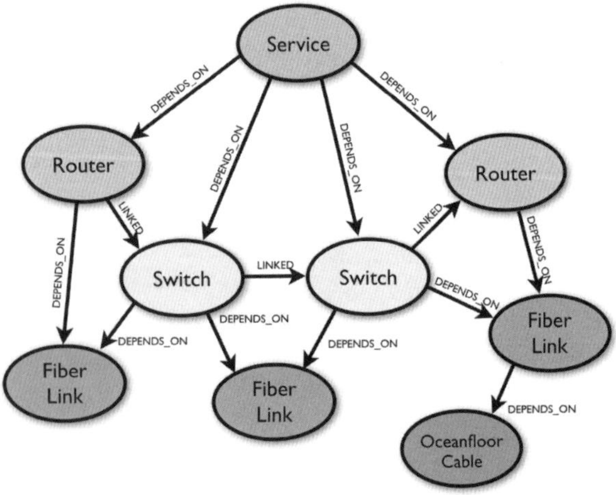

Abbildung 13.1: Graph mit Telekommunikationsinfrastruktur

Impaktanalyse auf Telekommunikationsinfrastruktur

Man kann sich leicht vorstellen, dass das Netz aus Routern, Switches, Firewalls, Servern und Services, auf dem typische Netzwerkinstallationen beruhen, einfach als Graph darzustellen ist. Auf diesem Modell kann man alle möglichen Anwendungsfälle abbilden (Abbildung 13.1). Von der „Was-wäre-wenn?"-Analyse beim Ausfall von einzelnen Netzbestandteilen über Kapazitätsplanung mit genügend Reservekapazitäten bis zum (Masterdata-)Netzwerkmanagement und der Abbildung zusätzlicher Schichten, die auf dem Grundnetzwerk basieren, ist alles möglich.

Arbeitsvermittlung

Arbeitsvermittlung und Jobsuche sind eigentlich nichts anderes als ein Date. Zwei Parteien, die beide etwas zu bieten haben und etwas suchen, müssen passend aufeinander abgestimmt werden. In einem Graphen ist das möglich, indem Attribute als Knoten extrahiert und die Verbindungen mit Gewichten und Zusatzinformationen versehen werden. Dann ist der optimale „Verkuppelungsalgorithmus" (Matchmaking) nur noch eine Graphsuche entfernt. Genau so funktioniert das auch in der Arbeitssuche, und die Firmen, die jetzt schon Graphdatenbanken dafür einsetzen, sind klar im Vorteil.

Aber die Graphdatenbank erlaubt auch eine Mischung orthogonaler Domänen im selben Modell, warum also nicht noch andere Informationen, wie z. B. Geoposition von beiden Seiten einbeziehen? Oder noch besser die Netzwerke der Beteiligten. Für einen Jobsuchenden sind das (Ex-)Kollegen, Freunde, Bekannte usw. und für die Firma vor allem ehemalige und heutige Mitarbeiter. Aus diesem Netz von Kontakten können dann zum einen Empfehlungen für oder gegen ein Angebot ermittelt werden. Zum Beispiel werden die Passfähigkeit zur Firmenkultur und Erfahrungen von Mitgliedern meines Netzwerks bei dieser Firma dafür berücksichtigt (Abbildung 13.2).

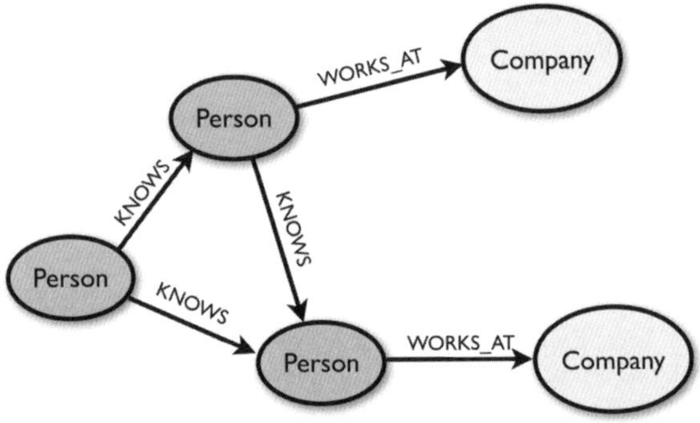

Abbildung 13.2: Mischung orthogonaler Domänen

Des Weiteren kann über das Netzwerk der eigenen Mitarbeiter auf einen qualitativ höherwertigen Pool von zukünftigen Angestellten zugegriffen werden. Besonders gern wird daher das soziale Netzwerk (z. B. von Facebook) der eigenen Nutzer zusätzlich mit in den Graphen integriert, sodass solche Anwendungsfälle gut abgebildet werden können.

Das ist nur ein kleiner Einblick in die Anwendbarkeit des Graphmodells, das von Graphdatenbanken gesellschaftsfähig gemacht wird.

Einen weit größeren Überblick bieten konkrete Anwendungsfälle[2] und natürlich die gesammelten, interaktiven Graphmodelle, die als Nächstes vorgestellt werden sollen.

2 *http://neotechnology.com/customers*

## KAPITEL 14

Interaktive Datenmodelle: GraphGists

Einen Anwendungsfall für eine Graphdatenbank beschreibt man am besten mit einer Zeichnung der Domäne. Wenn dazu dann noch ein einführender Text sowie einige Beispiel-Cypher-Abfragen kommen, stellt das eine gute Ausgangsposition für das Verständnis des Szenarios dar.

Man kann das Ganze aber in Anlehnung an das „literate Programming"-Konzept noch ein ganzes Stück weiter treiben. Wir wollten neben Text, Bildern und Abfragen auch noch eine interaktive Livedatenbank integrieren, auf der man auf einem Beispieldatenset die dargestellten Abfragen auch direkt ausführen und abändern kann (Abbildung 14.1).

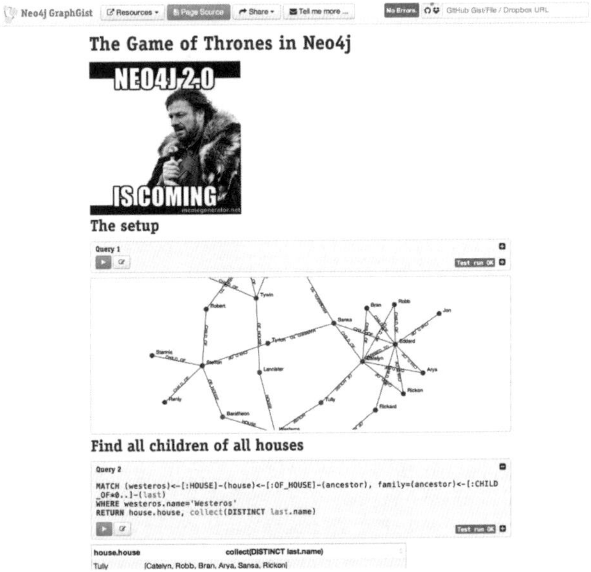

Abbildung 14.1: Neo4j GraphGist

Das Ganze basiert auf einer einfachen AsciiDoc-Textdatei, die auf einem beliebigen URL (z. B. GitHub-Gist oder Dropbox) bereitgestellt wird, und dann im Browser gerendert wird. Hier das Beispiel für das gezeigte Dokument.

```
= The Game of Thrones in Neo4j

image::http://maxdemarzidotcom.files.wordpress.
                        com/2013/06/neoiscoming.jpg?w=580[]
```

```
== The setup

//hide
[source,cypher]
----
 CREATE (westeros { name: "Westeros" })
 CREATE (targaryen { house:"Targaryen" }),(stark {
     house:"Stark" }),(lannister { house:"Lannister" }),
        (baratheon { house:"Baratheon" }),(tully {
                                    house:"Tully" })
 FOREACH (house IN [stark,lannister,baratheon,targaryen,
               tully]| CREATE house-[:HOUSE]->westeros)
 CREATE (danaerys { name:"Danaerys" }), danaerys-
                              [:OF_HOUSE]->targaryen,
 (drogo { name:"Khal Drogo" }), danaerys-[:MARRIED_TO]
                                           ->drogo,
 (tywin { name:"Tywin" }), tywin-[:OF_HOUSE]->lannister,
 (steffon { name:"Steffon" }), steffon-[:OF_HOUSE]
                                       ->baratheon,
 (rickard { name:"Rickard" }), rickard-[:OF_HOUSE]
                                           ->stark,
 (ned { name:"Eddard" }), ned-[:CHILD_OF]->rickard,
 (catelyn { name:"Catelyn" }), catelyn-[:MARRIED_TO]
                   ->ned, catelyn-[:OF_HOUSE]->tully,
 (jon { name:"Jon" }), jon-[:CHILD_OF]->ned
  FOREACH (child IN ["Robb", "Bran", "Arya", "Sansa",
                                       "Rickon"] |
    CREATE UNIQUE ned<-[:CHILD_OF]-({ name:child
                              })-[:CHILD_OF]->catelyn)
 FOREACH (child IN ["Cersei", "Jamie", "Tyrion"] |
    CREATE UNIQUE tywin<-[:CHILD_OF]-({ name:child }))
 FOREACH (brother IN ["Robert", "Renly", "Stannis"] |
    CREATE UNIQUE steffon<-[:CHILD_OF]-({ name:brother }))
 FOREACH (child IN ["Joffrey", "Myrcella", "Tommen"] |
    CREATE UNIQUE tywin<-[:CHILD_OF]-(jamie {
```

```
            name:"Jamie" })<-[:CHILD_OF]-({ name:child })
                          -[:CHILD_OF]->(cersei {
                      name:"Cersei" })-[:CHILD_OF]->tywin)

 CREATE UNIQUE steffon<-[:CHILD_OF]-(robert {
 name:"Robert" })<-[:MARRIED_TO]-(cersei { name:"Cersei"
                                    })-[:CHILD_OF]->tywin
 CREATE UNIQUE ned<-[:CHILD_OF]-(sansa { name:"Sansa"
       })-[:PROMISED_TO]->(joffrey { name:"Joffrey" })-
                                      [:CHILD_OF]->cersei
 CREATE UNIQUE ned<-[:CHILD_OF]-(sansa)-[:MARRIED_TO]
      ->(tyrion { name:"Tyrion" })-[:CHILD_OF]->steffon

----

//graph

== Find all children of all houses

[source, cypher]
----
MATCH (westeros)<-[:HOUSE]-(house)<-[:OF_HOUSE]-
(ancestor), family=(ancestor)<-[:CHILD_OF*0..]-(last)
WHERE westeros.name='Westeros'
RETURN house.house, collect(DISTINCT last.name)
----

//table

== Find all the children of parents that are siblings

[source,cypher]
----
MATCH (kid)-[:CHILD_OF]->(parent1)-[:CHILD_OF]->
    (ancestor)<-[:CHILD_OF]-(parent2)<-[:CHILD_OF]-(kid)
RETURN DISTINCT kid.name as name
```

```
----

//table

Easy.
```

Diese Datei wird dann wie ein gestyltes HTML-Dokument gerendert, enthält aber die Livedatenbankkonsole mit den Daten aus den initialen Cypher-Statements. Zugänglich ist das Ganze über *gist.neo4j.org*, eine ständig wachsende Sammlung interessanter Use Cases findet man im Wiki[1]. Hier noch ein paar Beispiele:

- Why JIRA should use Neo4j[2]
- US Flights and Airports – Cancellations, Delays, Diversions[3]
- Learning Graph – People, Technology, Concepts, Resources, Skills[4]

1 *https://github.com/neo4j-contrib/graphgist/wiki*

2 *http://gist.neo4j.org/?7307795*

3 *http://gist.neo4j.org/?6619085*

4 *http://gist.neo4j.org/?github-jotomo%2Fneo4j-gist-challenge%2F%2Flearning-graph%2Flearning-graph.adoc*

## KAPITEL 15

Servererweiterung mit dem Java-API

Auch wenn Cypher als Abfragesprache für die meisten Anwendungsfälle mit Neo4j sehr gut geeignet ist, gibt es einige Anforderungen für spezielle Abfragen, die zurzeit noch nicht optimal ausgeführt werden. Das sind maximal 10 bis 20 Prozent der Aufgaben einer Anwendung. Cypher wird in Bezug auf Performance aber immer weiter optimiert, z. B. im nächsten 2.1.-Release, sodass dieser Anteil immer weiter schrumpft.

Für diese Fälle ist es möglich, direkt auf dem Java-API von Neo4j zu agieren, das entweder als Servererweiterung, aber auch für das Einbetten der Datenbank in eigene Anwendungen zur Verfügung steht.

Hier möchte ich mich auf die Beschreibung der Entwicklung einer Servererweiterung beschränken, die Nutzung von Neo4j als eingebettete Datenbank in der eigenen Java-Anwendung sieht sehr ähnlich aus.

Zuerst noch einmal ein kurzer Überblick über die wichtigsten Bestandteile des Java-API. Den Kern bildet der *GraphDatabaseService*, der Methoden zum Laden und Erzeugen von Knoten (*Node*) beinhaltet. Vom Knoten aus kann man dann mittels *RelationshipType* und *Direction* auf Beziehungen (*Relationship*) zugreifen. Entweder um diese zu erzeugen oder zu traversieren. Die Transaktionalität der Datenbank wird durch eine Transaktionsklammer um alle Lese- und Schreiboperationen gehandhabt. Dabei kann das try-with-resource von Java 7 genutzt werden.

Im Beispiel soll das Heraussuchen der neuesten Ereignisse in einem Nachrichtenstrom (Activity Stream) dargestellt werden, siehe Datenmodell in Abbildung 15.1. Dazu ermitteln wir zuerst als Startknoten den aktuellen Nutzer und dann die Foren, denen er folgt. Ausgehend vom aktuellsten Ereignis (*ActivityHead*) können wir dann die Kette solange verfolgen, bis wir so viele Meldungen aufgesammelt haben, dass wir genug Ergebnisse haben.

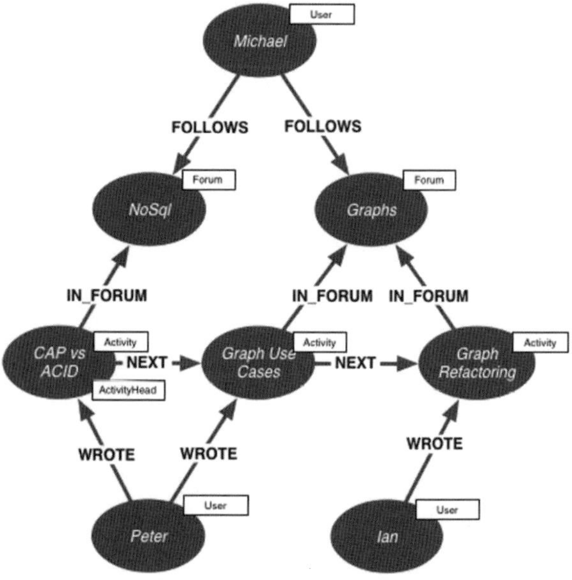

Abbildung 15.1: Beispieldatenmodell für einen Activity Stream

Lösung mit Cypher

In Cypher würde das aussehen wie in Abbildung 15.1, aber nicht performant ausgeführt werden. Der kritische Aspekt ist hier der Pfad beliebiger variabler Länge, von dem wir nur die ersten zwanzig Einträge haben wollen, die den Bedingungen genügen (Listing 15.1). Daher ist die Cypher-Abfrage nicht so schnell, wie wir gerne sähen.

```
MATCH (head:ActivityHead)-[:NEXT*]->(activity)-[:IN_
                                                FORUM]->
      (forum:Forum)<-[:FOLLOWS]-(user:User {name: {name}}),
      (activity)<-[:WROTE]-(author:User)
RETURN author.name, activity.message, forum.name
LIMIT 20
```

Listing 15.1: Cypher-Abfrage für die letzten zwanzig Einträge in allen Foren, denen der Nutzer folgt

Graphoperationen mit Java

Aber es ist kein großer Aufwand, das Ganze mit dem Java-API abzubilden. Zuerst einmal kapseln wir die eigentliche Graphoperation in einer eigenen Klasse ActivityStream, um sie gut testbar zu machen (Listing 15.2).

```
public class ActivityStream {
  public static final String NAME = "name";
  public static final String MESSAGE = "message";

  enum Labels implements Label {
    User, ActivityHead
  }
  enum Relationships implements RelationshipType {
    FOLLOWS,NEXT, WROTE, IN_FORUM
  }
  private final GraphDatabaseService gdb;
```

```
public ActivityStream(GraphDatabaseService gdb) {
  this.gdb = gdb;
}

// kapselt Ergebnisse, Erzeugung mit Factory-Methode
static class Activity {
  private final String author;
  private final String message;
  private final String forum;
  Activity(String author, String message, String forum) {
    this.author = author;
    this.message = message;
    this.forum = forum;
  }

  public static Activity from(Node node, Node forum) {
    Node author =  node.getSingleRelationship
    (WROTE, INCOMING).getEndNode();
    return new Activity(author.getProperty(NAME),
    node.getProperty(MESSAGE),
    forum.getProperty(NAME));
  }
}

// lädt die gewünschte Anzahl von Meldungen für User
public List<Activity> loadStream(String name, int
                                                count) {
  try (Transaction tx = gdb.beginTx()) {
    // Index-Lookup Nutzer
    Node user = single(gdb.findNodesByLabelAndProperty
    (User, NAME, name));

    Set<Node> forums = loadForumsFor(user);
    List<Activity> activities =
      loadLatestActivitiesFrom(forums, count);
    tx.success();
    return activities;
```

```
    }
  }

  private List<Activity> loadLatestActivitiesFrom
  Set<Node> forums, int count) {
    List<Activity> activities = new ArrayList<>(count);

    // erste Meldung in der verketteten Liste
    Node activity = single(GlobalGraphOperations.at(gdb).
                    getAllNodesWithLabel(ActivityHead));
    // Verkettung folgen bis Ende oder Anzahl erreicht
    while (activity != null && activities.size()
                                              < count) {
      Node forum = activity.getSingleRelationship
      (IN_FORUM, OUTGOING).getEndNode();
      // Check Forum der Meldung
      if (forums.contains(forum)) {
        activities.add(Activity.from(activity,forum));
      }
      // nächstes Elemente der Kette
      activity = activity.hasRelationship(NEXT, OUTGOING)
      ? activity.getSingleRelationship
      (NEXT, OUTGOING).getEndNode()
      : null;
    }
    return activities;
  }
  private Set<Node> loadForumsFor(Node user) {
    Set<Node> forums=new HashSet<>();
    for (Relationship follows : user.getRelationships
    OUTGOING, FOLLOWS)) {
      forums.add(follows.getEndNode());
    }
    return forums;
  }
}
```

Listing 15.2

Unit Test

In einem Unit Test können wir nun auf einer temporären In-Memory-Datenbank Testdaten erzeugen und verschiedene Fälle testen (Listing 15.3).

```
public class ActivityStreamTest {
  private GraphDatabaseService db;
  private ActivityStream activityStream;
  private Transaction tx;
  @Before
  public void setUp() throws Exception {
    db = new TestGraphDatabaseFactory().
                                  newImpermanentDatabase();
    activityStream = new ActivityStream(db);
    tx = db.beginTx();
  }
  @After
  public void tearDown() throws Exception {
    tx.close();
    db.shutdown();
  }

  @Test
  public void testLoadItemsForSingleForum(){
    createTestData();
    List<ActivityStream.Activity> activities =
                        activityStream.loadStream(IAN, 5);
    assertEquals(2,activities.size());
    assertEquals(GRAPH_USE_CASES,
    activities.get(0).message);
    assertEquals(PETER,activities.get(0).author);
    assertEquals(GRAPHS,activities.get(0).forum);
    assertEquals(GRAPH_REFACTORING,
    activities.get(1).message);
    assertEquals(IAN,activities.get(1).author);
  }
```

```
  private void createTestData() {
    Node michael = createUser(MICHAEL);
    Node peter = createUser(PETER);
    Node ian = createUser(IAN);
    Node noSQL = createForum(NO_SQL,michael,peter);
    Node graphs = createForum(GRAPHS,michael,ian,peter);
    Node message1 = createMessage(GRAPH_REFACTORING,
                                  ian, graphs, null);
    Node message2 = createMessage(GRAPH_USE_CASES, peter,
                                  graphs, message1);
    Node message3 = createMessage(CAP_VS_ACID, peter,
                                  noSQL, message2);
    message3.addLabel(ActivityStream.Labels.ActivityHead);
  }
```

Listing 15.3

REST Resource Container

Für die Integration in den Neo4j-Server schreiben wir eine Servererweiterung namens ActivityResource, die eine Jersey-JAX-RS-Ressource darstellt und die unsere Graphoperation benutzt und deren Ergebnisse zu JSON serialisiert (Listing 15.4).

```
@Path("/activities")
public class ActivityResource {
  private static final ObjectMapper MAPPER =
                            new ObjectMapper();
  private final ActivityStream stream;
  public ActivityResource(@Context GraphDatabaseService db,
                          @Context UriInfo uriInfo) {
    stream = new ActivityStream(db);
  }
  @GET
  @Produces(APPLICATION_JSON)
  @Path("/{userName}")
```

```
  public Response getActivityStream(
    @PathParam("userName") String userName,
    @QueryParam("count") Integer count) {
    return Response.ok().entity(new StreamingOutput() {
        public void write(OutputStream out) {
          MAPPER.writeValue(out,
            stream.loadStream(userName,count));
        }
    }).build();
  }
}
```

Listing 15.4

Die Ressource muss dann nur in der *conf/neo4j-server.properties* als *org.neo4j.server.thirdparty_jaxrs_classes=com.mycompany.activity=/api* eingebunden werden. Sie ist dann für das Frontend unter dem URL *http://host:7474/api/activities/{username}* verfügbar.

Der Code für dieses Kapitel ist unter *https://github.com/jexp/neo4j-activity-stream* verfügbar.

## KAPITEL 16

Spring Data Neo4j

Die meisten Java-Entwickler sind es gewohnt, ihre Domänenobjekte als POJOs zu deklarieren und nutzen. Um diese mit der unterliegenden Persistenzschicht zu koppeln, wird ein mehr oder weniger aufwändiges ORM-(Object-Relational-Mapping-)Framework eingesetzt. Bekannte Beispiele sind JPA, Hibernate, EclipseLink, MyBatis oder DataNucleus.

Für Graphdatenbanken ist das prinzipiell nicht notwendig. Normalerweise reicht es, die Resultate komplexer Abfragen auf konkrete, leichtgewichtige View-Objekte zu mappen. Trotzdem ist Object Graph Mapping bequem und besonders für die Integration mit existierenden Frameworks und Anwendungen notwendig, die POJOs vorauszusetzen.

Mit dem Spring-Data-Projekt wurde eine Initiative ins Leben gerufen, die Entwicklern, die die Bequemlichkeit der JDBC- und JPA-Unterstützung durch Spring zu schätzen gelernt haben, diese auch für NoSQL-Datenbanken bereitstellt.

Interessanterweise war Spring Data Neo4j[1] das Gründungsprojekt von Spring Data, nachdem sich die beiden CEOs (Rod Johnson und Emil Eifrem) zusammenfanden, um eine Integrationsbibliothek für Neo4j und Spring zu entwickeln.

1 *http://projects.spring.io/spring-data-neo4j/*

Die Spring-Data-Projekte nutzen wie JPA einen annotationsbasierten Ansatz, um Domänenobjekte auszuzeichnen. Diese so erzeugten Metainformationen werden dann später im Mapping-Mechanismus genutzt, um die jeweiligen Datenbankstrukturen (in Neo4j sind es Subgraphen) in Objektnetze und zurück zu konvertieren. Des Weiteren stellen sie einen kompakten Repository-Ansatz zur Verfügung, der es erlaubt, nur durch die Deklaration und Komposition von Interfaces, DAO-Services zu erzeugen, die CRUD-Methoden sowie annotierte und dynamische Findermethoden (bekannt aus Grails und Rails) und automatisches Transaktions-Handling bereitstellen. Weitere Features der Repositories sind automatisches Objekt Mapping, Paginierung sowie Erweiterung durch eigene Mixin-Funktionalität.

Spring Data Neo4j unterstützt all diese Konzepte, bietet aber noch mehr. Es werden zwei Modi zum Objekt Graph Mapping bereitgestellt. Im einfachen Modus werden Teilgraphen aus Neo4j ins Objektmodell kopiert und sind dann von der Datenbank unabhängig. Beim Zurückschreiben werden die Änderungen auf den originalen Knoten und die Beziehungen aktualisiert.

Im erweiterten Modus wird AspectJ genutzt, um die Datenbank live und unmittelbar mit dem Objektgraphen zu verbinden und so eine schnelle und dynamische Repräsentation von Knoten und Beziehungen als Java-Objekte zu erreichen. Die Interaktionen mit den POJO Beans werden auf direkte Lese- und Schreiboperationen in Neo4j abgebildet.

Wie sieht das jetzt konkret aus? Die Entitäten aus dem „cineasts.net"-Tutorial des Spring-Data-Neo4j-Projekts, das die Grundlage der bisher genutzten Filmdatenbank darstellte (Domänenmodell siehe Kapitel 8), sollen die wichtigsten Aspekte verdeutlichen.

Knotenobjekte

Knoten werden als mit *@NodeEntity* annotierte Objekte repräsentiert. Damit wird der Knoten an das mit *@GraphId* annotierte Feld gebunden. Andere, einfache Attribute werden direkt (oder mittels der Konvertierungsmechanismen von Spring) auf Knoteneigenschaften abgebildet. Mit *@Indexed* kann das Indexierungsverhalten gesteuert werden. Beziehungen werden über Referenzattribute realisiert, die entweder auf singuläre Entitäten oder Entity Collections verweisen. Über eine optionale *@RelatedTo(Via)*-Annotation kann man Typ und Richtung der Beziehung konfigurieren. Während *@RelatedTo* Referenzen auf andere Knotenentitäten auszeichnet, wird mit *@RelatedToVia* auf die Beziehung selbst gezeigt, die als vollwertiges Mitglied des Datenmodells auch in Java-Objekten repräsentiert werden kann (Listing 16.1).

```
@NodeEntity
public class Movie {
  @GraphId Long nodeId;
  @Indexed(unique = true) String id;
  @Indexed(indexType=FULLTEXT, indexName = "search")
  String title;
  @RelatedTo(type = "ACTED_IN", direction = INCOMING)
  Set<Actor> actors;
  @RelatedToVia(type = "ACTED_IN", direction = INCOMING)
  Iterable<Role> roles;
  @RelatedToVia(type = "RATED", direction = INCOMING)
  @Fetch Iterable<Rating> ratings;
  String description;
  String language;
  String imdbId;
  String tagline;
  ...
}
```

```
@NodeEntity
public class Person {
  @GraphId Long nodeId;
  @Indexed(unique=true) String id;
  @Indexed(indexType= FULLTEXT, indexName = "people")
  String name;

  Date birthday;
  ....
}
public class Actor extends Person {
  @RelatedToVia Collection<Role> roles;
  public Role playedIn(Movie movie, String roleName) {
    final Role role = new Role(this, movie, roleName);
    roles.add(role);
    return role;
  }
}
```

Listing 16.1

Beziehungsobjekte

Beziehungen können, müssen aber nicht als Java-Objekte abgebildet werden, wenn Knoten direkt mit *@RelatedTo* in Beziehung stehen, wird einfach der angegebene Beziehungstyp für das automatische Management der Beziehungen zwischen ihnen genutzt.

Falls die Beziehung aber eigene Attribute trägt, kann sie durch eine *@RelationshipEntity* dargestellt werden. Diese enthält dann Felder für Start- und Endknoten, sowie zusätzliche Attribute. Als Beispiele sind in Listing 16.2 *Role* und *Rating* dargestellt.

```
@RelationshipEntity(type = "ACTED_IN")
public class Role {
  @GraphId Long id;
  @StartNode Actor actor;
```

```
  @EndNode Movie movie;
  String name;
}

@RelationshipEntity
public class Rating {
  private static final int MAX_STARS = 5;
  private static final int MIN_STARS = 0;
  @GraphId Long id;
  @StartNode User user;
  @EndNode Movie movie;
  int stars;
  String comment;
  ....

  public void rate(int stars, String comment) {
    if (stars>= MIN_STARS && stars <= MAX_STARS)
      this.stars=stars;
    if (comment!=null && !comment.isEmpty())
      this.comment = comment;
  }
}
```

Listing 16.2

Die Interaktion mit dem Web- oder anderem Framework, z. B. im Spring Web MVC Controller, erfolgt durch die Spring-Konfiguration und Injektion der Dependencies (Neo4j-Template, Repositories) an den Stellen, wo sie benötigt werden. Die Spring-Konfiguration erfolgt einfach durch zwei Zeilen XML:

```
<neo4j:config storeDirectory="data/graph.db"
              base-package="org.neo4j.cineasts.domain"/>
<neo4j:repositories
  base-package="org.neo4j.cineasts.repository"/>
```

oder zwei Annotationen an einer Java-Config (Listing 16.3).

```
@Configuration
@EnableNeo4jRepositories(
  basePackages = "org.neo4j.cineasts.repository")
class Config extends Neo4jConfiguration {
  @Bean
  public GraphDatabaseService graphDatabaseService() {
    return new GraphDatabaseFactory().
    newEmbeddedDatabase(PATH);
  }
}
```

Listing 16.3

Spring Data Neo4j Repositories

Um die Menge an repetitiven, überflüssigen Codes zu minimieren, die mit der Implementierung von Persistenzschichten einhergeht, unterstützt Spring Data Neo4j das Konzept der interfacebasierten Repositories.

Der Nutzer deklariert seine, für ein Domänenobjekt spezialisierten Repositories, indem er von mindestens einem vorgegebenen Repository-Interface der Bibliothek ableitet. Die bereitgestellten Interfaces enthalten z. B. CRUD-Methoden (*findOne, findAll, save, delete* usw.) oder spezialisierte Methoden, z. B. für Spatial- oder Cypher-DSL-Unterstützung. Spring Data kümmert sich dann um die Instanziierung der Repository-Instanzen mit den notwendigen Implementierungen und erlaubt, diese wie jedes andere Spring Bean zu nutzen (injizieren).

Des Weiteren kann man mit Spring Data Repositories die aus Rails und Grails bekannten abgeleiteten Finder-Methoden benutzen. Diese ermitteln aus der Methodensignatur (Methodenname, Parameter und Rückgabewert) die Cypher-Abfrage, die durch die Methode repräsentiert wird. Der Methodenname wird in Teile zerlegt, die entweder für direkte oder transitiv kaskadierte Attribute der Entität oder für Operatoren stehen. Dabei kann entlang von Beziehungen (und deren Referenzfelder in den Entitäten) navigiert werden.

Wenn die Abfragebestandteile nicht auf den Metadaten der Domänenentitäten korrekt auflösbar sind, wird schon beim Start des Spring-Kontexts mit einer Fehlermeldung abgebrochen. Zwei Beispiele:

- *Collection<Movie> findByActorsName(String name)* findet Filme des angegebenen Schauspielers
- *Page<Actor> findByNameLikeAndBirthdayGreaterThan String namePattern, Date date, Pageable page)* sucht einen Schauspieler nach Namensmuster und Alter und paginiert die Ergebnisse entsprechend der Aufrufparameter

Man kann auch beliebige Methoden mit vorgegebenen Cypher-Abfragen annotieren und die Parameter der Methode in der Abfrage verwenden. Paginierung (Begrenzung der Ergebnisse mittels gewünschter Seitengröße und Seitennummer) wird auch in allen Methoden unterstützt. Listing 16.4 zeigt ein Repository in voller Schönheit.

```
public interface MovieRepository extends
                    GraphRepository<Movie>,
  Movie findById(String id);
  Page<Movie> findByTitleLike(String title, Pageable page);

  @Query(" START user=node({user}) " +
        " MATCH user-[r:RATED]->movie
        <-[r2:RATED]-other-[r3:RATED]->otherMovie " +
        " WHERE abs(r.stars-r2.stars) < 2 AND r3.stars > 3
        " RETURN otherMovie, avg(r3.stars) AS rating,
                 count(*) AS cnt" +
        " ORDER BY rating DESC, cnt DESC" +
```

```
        " LIMIT 10" )
  List<MovieRecommendation> getRecommendations(
    @Parameter("user") User user );
}
```

Listing 16.4

Damit bietet Spring Data Neo4j Rundumversorgung für jeden, der ein komplexes Objektmodell mit einer Graphdatenbank benutzen möchte.

Detailliertere Informationen sind in „Spring Data" von O'Reilly und im Spring Data Neo4j Guidebook „Good Relationships" sowie auf der Spring-Data-Neo4j-Projektseite[2] verfügbar.

2 *http://projects.spring.io/spring-data-neo4j/*

## KAPITEL 17

Neo4j im Produktiv-einsatz

Neo4j als eine produktionsreife Datenbank, die seit zehn Jahren im Einsatz ist, bringt eine Menge von Funktionalität mit, die normalerweise in entwicklerorientierten Büchern keine große Rolle spielt. Ich möchte mich trotzdem mit ihr auseinandersetzen, da man früher oder später seine Anwendung dann doch produktiv ausrollen möchte und dann wissen sollte, welche zusätzlichen Möglichkeiten es gibt.

Diese Fähigkeiten stehen in der Enterprise-Version von Neo4j zur Verfügung[1], die in verschiedenen Editionen für unterschiedliche Kundensegmente zur Verfügung steht: von einer kostenfreien „Personal Edition" über eine Start-up-Variante für kleinere Unternehmen bis zu einer Version für Großunternehmen.

Neo4j-Cluster

Um Hochverfügbarkeit für produktionskritische Anwendungen bereitzustellen, kann man Neo4j Enterprise im Cluster betreiben. Dieser Cluster ist ein Master Slave Replication Set-up, ähnlich wie bei MySQL. Jedes Clustermitglied besitzt eine komplette Kopie der Daten (Abbildung 17.1).

1 *http://www.neotechnology.com/price-list*

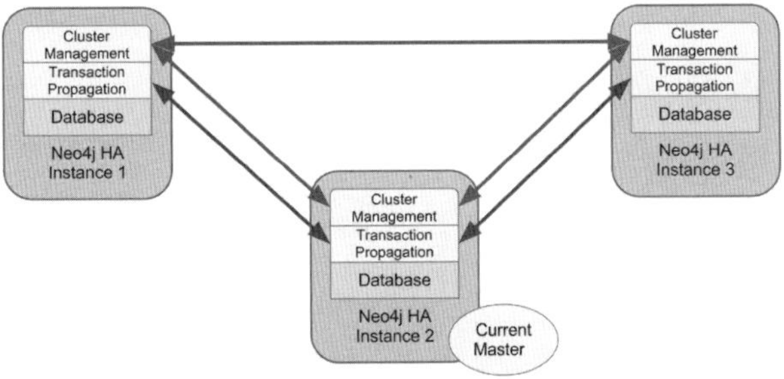

Abbildung 17.1: Cluster mit mehreren Instanzen

Bei Ausfall des Masters oder Partitionierung des Netzwerks wird der Slave mit dem aktuellsten Datenbestand, der auch Master werden darf, als neuer Master gewählt.

Man sollte möglichst Schreiboperationen auf dem aktuellen Master ausführen und Leseoperationen geschickt auf die Slaves verteilen. Ein „push-factor" definiert, auf wie viele Slaves das Ergebnis einer erfolgreichen Schreiboperation des Masters sofort repliziert wird. Die anderen Slaves holen sich Aktualisierungen in einem Aktualisierungsintervall, das je nach Anwendungsfall von (Milli-)Sekunden bis zu Minuten konfiguriert werden kann.

Das erlaubt zum einen ein **Failover** für den Fall, dass der aktuelle Master nicht mehr erreichbar ist, z. B. durch Hardware, Netzwerk oder Ressourcenprobleme. Mit der Verfügbarkeit der gesamten Datenbank auf jedem Clustermitglied muss dabei auch keine Datenmigration im Cluster durchgeführt werden.

Ein weiterer Vorteil dieser Architektur ist, dass alle Abfragen von jedem Clustermitglied unabhängig und ohne clusterübergreifende Kommunikation ausgeführt werden können. Daraus ergibt sich eine nahezu lineare Skalierbarkeit bei vielen konkurrierenden Leseoperationen (**Read Scaling**).

Auch für die effizientere Ressourcenausnutzung bei großen Graphen ist der Cluster hilfreich. Da Graphanfragen nur Teilmengen des Graphen in den Speicher ziehen, kann man mittels eines intelligenten, konsistenten Routings dieselben Klassen von Anfragen (oder verschiedene Teilbereiche) an dieselben Empfänger senden, die dann die notwendigen Informationen schon gecacht im Speicher vorliegen haben (**Cache Sharding**). Listing 17.1 zeigt ein Konfigurationsbeispiel für das Neo4j-Cluster-Set-up von Server 1.

```
# Individuelle Server-Ids (1,2,3 usw)
ha.server_id=1
# Initiale Cluster-Mitglieder (versch. IPs/Ports)
ha.initial_hosts=10.0.0.1:5001,10.0.0.1:5001
# optional, aber empfohlen, sonst automatisch zugewiesen
# Cluster-Kommunikations-Endpunkt
ha.cluster_server=10.0.0.1:5001
# Transaktions-Kommunikations-Endpunkt
ha.server=10.0.0.1:6001
```

Listing 17.1

Live-Back-up

Mit dem Live-Back-up kann man jederzeit von einer laufenden Neo4j-Instanz ein vollständiges oder inkrementelles Back-up in einem Zielverzeichnis erstellen oder dieses als Ausgangspunkt einer wiederhergestellten Datenbank benutzen. Im Cluster wird das Back-up automatisch vom Master gezogen. Technologisch benutzt es dasselbe Protokoll wie die Datenübertragung zwischen Clustermitgliedern. Das Back-up kann von der Kommandozeile und programmatisch gestartet werden.

```
bin/neo4j-backup -from (ha|single)://host1:port1,
                                              host2:port2
                 -to target
```

Konkrektes Beispiel:

```
bin/neo4j-backup -from ha://10.0.0.1:5001,10.0.0.2:5001
                 -to /mnt/backup/neo4j-backup
```

Monitoring

Neo4j stellt über JMX (Java Management Extensions) eine Menge Details über Interna zur Verfügung. Diese können dann mittels JConsole oder anderer Monitoring-Tools erfasst und dargestellt werden. Einige der bereitgestellten Informationen sind:

- Konfiguration
- Laufende und abgelaufene Transaktionsanzahl
- Aktive Locks
- Cacheinformationen
- Clusterzustand und Konfiguration
- Memory-Mapping

## KAPITEL 18

Ausblick und Neo4j Roadmap

Dieses Buch zeigt zunächst einen relativ kleinen Ausschnitt aus der faszinierenden Welt der Graphen und Graphdatenbanken. Ist Ihr Interesse geweckt? Dann gibt es zahlreiche weiterführende Informationen. Im kostenlosen O'Reilly-E-Book „Graph Databases"[1] werden viele Details und Modellierungsansätze für konkrete Domänen ausführlich von Experten dargestellt. Es gibt auch die Möglichkeit, bei einem Neo4j-Training[2] offline oder online[3] mitzumachen, oder an einem der vielen Meetup-Events[4] teilzunehmen. Die *neo4j.org*-Seite ist ein guter Anlaufpunkt für alle Informationen rund um Neo4j.

Der Cypher- und Neo4j-Performance sowie Big-Data-Herausforderungen ist das nächste Release (2.1 und 2.2 im Frühjahr 2014) gewidmet. Dann werden die (künstlichen) Größenlimits der Datenbank deutlich erhöht (auf Billionen von Knoten und Beziehungen), die Handhabung von Knoten mit Millionen von Beziehungen verbessert und im Allgemeinen die Leistungsfähigkeit der Datenbank auf die nächste Stufe gehoben. Auch Import und

1 *http://graphdatabases.com/*

2 *http://www.neotechnology.com/training*

3 *http://neo4j.org/learn/online_course*

4 *http://neo4j.meetup.com*

Export von Daten (ETL) wird ein wichtiges Thema für Version 2.1 darstellen[5]. Des Weiteren ist 2014 geplant, globale Berechnungen und Aggregationen auf großen Graphen in Neo4j besser zu unterstützen und das Graph-Sharding-Thema wieder aufzugreifen.

5 *http://neo4j.org/develop/import*

Anhang

Neo4j Cypher Refcard 2.0

Neo4j
the world's leading graph database

Cypher is the declarative query language for Neo4j, the world's leading graph database.

Key principles and capabilities of Cypher are as follows:

- Cypher matches patterns of nodes and relationship in the graph, to extract information or modify the data.
- Cypher has the concept of identifiers which denote named, bound elements and parameters.
- Cypher can create, update, and remove nodes, relationships, labels, and properties.
- Cypher manages indexes and constraints.

You can try Cypher snippets live in the Neo4j Console at console.neo4j.org or read the full Cypher documentation at docs.neo4j.org. For live graph models using Cypher check out GraphGist.

Note: `{value}` denotes either literals, for ad hoc Cypher queries; or parameters, which is the best practice for applications. Neo4j properties can be strings, numbers, booleans or arrays thereof. Cypher also supports maps and collections.

Syntax

Read Query Structure

```
[MATCH WHERE]
[OPTIONAL MATCH WHERE]
[WITH [ORDER BY] [SKIP] [LIMIT]]
RETURN [ORDER BY] [SKIP] [LIMIT]
```

MATCH

```
MATCH (n:Person)-[:KNOWS]->(m:Person)
WHERE n.name="Alice"
```

Node patterns can contain labels and properties.

```
MATCH (n)-->(m)
```

Any pattern can be used in `MATCH`.

```
MATCH (n {name:'Alice'})-->(m)
```

Patterns with node properties.

```
MATCH p = (n)-->(m)
```

Assign a path to `p`.

```
OPTIONAL MATCH (n)-[r]->(m)
```

Optional pattern, `NULL`s will be used for missing parts.

WHERE

```
WHERE n.property <> {value}
```

Use a predicate to filter. Note that `WHERE` is always part of a `MATCH`, `OPTIONAL MATCH`, `WITH` or `START` clause. Putting it after a different clause in a query will alter what it does.

RETURN

```
RETURN *
```
Return the value of all identifiers.

```
RETURN n AS columnName
```
Use alias for result column name.

```
RETURN DISTINCT n
```
Return unique rows.

```
ORDER BY n.property
```
Sort the result.

```
ORDER BY n.property DESC
```
Sort the result in descending order.

```
SKIP {skip_number}
```
Skip a number of results.

```
LIMIT {limit_number}
```
Limit the number of results.

```
SKIP {skip_number} LIMIT {limit_number}
```
Skip results at the top and limit the number of results.

```
RETURN count(*)
```
The number of matching rows. See Aggregation for more.

WITH

```
MATCH (user)-[:FRIEND]-(friend)
WHERE user.name = {name}
WITH user, count(friend) AS friends
WHERE friends > 10
RETURN user
```
The `WITH` syntax is similar to `RETURN`. It separates query parts explicitly, allowing you to declare which identifiers to carry over to the next part.

```
MATCH (user)-[:FRIEND]-(friend)
WITH user, count(friend) AS friends
ORDER BY friends DESC
SKIP 1 LIMIT 3
RETURN user
```
You can also use `ORDER BY`, `SKIP`, `LIMIT` with `WITH`.

UNION

```
MATCH (a)-[:KNOWS]->(b)
RETURN b.name
UNION
MATCH (a)-[:LOVES]->(b)
RETURN b.name
```
Returns the distinct union of all query results. Result column types and names have to match.

```
MATCH (a)-[:KNOWS]->(b)
RETURN b.name
UNION ALL
MATCH (a)-[:LOVES]->(b)
RETURN b.name
```
Returns the union of all query results, including duplicated rows.

Write-Only Query Structure

```
(CREATE [UNIQUE] | MERGE)*
[SET|DELETE|REMOVE|FOREACH]*
[RETURN [ORDER BY] [SKIP] [LIMIT]]
```

Read-Write Query Structure

```
[MATCH WHERE]
[OPTIONAL MATCH WHERE]
[WITH [ORDER BY] [SKIP] [LIMIT]]
(CREATE [UNIQUE] | MERGE)*
[SET|DELETE|REMOVE|FOREACH]*
[RETURN [ORDER BY] [SKIP] [LIMIT]]
```

CREATE

```
CREATE (n {name: {value}})
```
Create a node with the given properties.

```
CREATE (n {map})
```
Create a node with the given properties.

```
CREATE (n {collectionOfMaps})
```
Create nodes with the given properties.

```
CREATE (n)-[r:KNOWS]->(m)
```
Create a relationship with the given type and direction; bind an identifier to it.

```
CREATE (n)-[:LOVES {since: {value}}]->(m)
```
Create a relationship with the given type, direction, and properties.

MERGE

```
MERGE (n:Person {name: {value}})
ON CREATE SET n.created=timestamp()
ON MATCH SET
    n.counter= coalesce(n.counter, 0) + 1,
    n.accessTime = timestamp()
```
Match pattern or create it if it does not exist. Use `ON CREATE` and `ON MATCH` for conditional updates.

```
MATCH (a:Person {name: {value1}}),
      (b:Person {name: {value2}})
MERGE (a)-[r:LOVES]->(b)
```
`MERGE` finds or creates a relationship between the nodes.

```
MATCH (a:Person {name: {value1}})
MERGE
  (a)-[r:KNOWS]->(b:Person {name: {value3}})
```
`MERGE` finds or creates subgraphs attached to the node.

SET

```
SET n.property = {value},
    n.property2 = {value2}
```

Update or create a property.

```
SET n={map}
```

Set all properties. This will remove any existing properties.

```
SET n:Person
```

Adds a label `Person` to a node.

DELETE

```
DELETE n, r
```

Delete a node and a relationship.

REMOVE

```
REMOVE n:Person
```

Remove a label from `n`.

```
REMOVE n.property
```

Remove a property.

INDEX

```
CREATE INDEX ON :Person(name)
```

Create an index on the label `Person` and property `name`.

```
MATCH (n:Person) WHERE n.name = {value}
```

An index can be automatically used for the equality comparison. Note that for example `lower(n.name) = {value}` will not use an index.

```
MATCH (n:Person)
USING INDEX n:Person(name)
WHERE n.name = {value}
```

Index usage can be enforced, when Cypher uses a suboptimal index or more than one index should be used.

```
DROP INDEX ON :Person(name)
```

Drop the index on the label `Person` and property `name`.

CONSTRAINT

```
CREATE CONSTRAINT ON (p:Person)
       ASSERT p.name IS UNIQUE
```

Create a unique constraint on the label `Person` and property `name`. If any other node with that label is updated or created with a `name` that already exists, the write operation will fail. This constraint will create an accompanying index.

```
DROP CONSTRAINT ON (p:Person)
     ASSERT p.name IS UNIQUE
```

Drop the unique constraint and index on the label `Person` and property `name`.

Operators

Mathematical	`+, -, *, /, %, ^`
Comparison	`=, <>, <, >, <=, >=`
Boolean	`AND, OR, XOR, NOT`
String	`+`
Collection	`+, IN, [x], [x .. y]`
Regular Expression	`=~`

NULL

- `NULL` is used to represent missing/undefined values.
- `NULL` is not equal to `NULL`. Not knowing two values does not imply that they are the same value. So the expression `NULL = NULL` yields `NULL` and not `TRUE`. To check if an expressoin is `NULL`, use `IS NULL`.
- Arithmetic expressions, comparisons and function calls (except `coalesce`) will return `NULL` if any argument is `NULL`.
- Missing elements like a property that doesn't exist or accessing elements that don't exist in a collection yields `NULL`.
- In `OPTIONAL MATCH` clauses, `NULLs` will be used for missing parts of the pattern.

Patterns

```
(n)-->(m)
```
A relationship from `n` to `m` exists.

```
(n:Person)
```
Matches nodes with the label `Person`.

```
(n:Person:Swedish)
```
Matches nodes which have both `Person` and `Swedish` labels.

```
(n:Person {name: {value}})
```
Matches nodes with the declared properties.

```
(n:Person)-->(m)
```
Node `n` labeled `Person` has a relationship to `m`.

```
(n)--(m)
```
A relationship in any direction between `n` and `m`.

```
(m)<-[:KNOWS]-(n)
```
A relationship from `n` to `m` of type `KNOWS` exists.

```
(n)-[:KNOWS|LOVES]->(m)
```
A relationship from `n` to `m` of type `KNOWS` or `LOVES` exists.

```
(n)-[r]->(m)
```
Bind an identifier to the relationship.

```
(n)-[*1..5]->(m)
```
Variable length paths.

```
(n)-[*]->(m)
```
Any depth. See the performance tips.

```
(n)-[:KNOWS]->(m {property: {value}})
```
Match or set properties in `MATCH`, `CREATE`, `CREATE UNIQUE` or `MERGE` clauses.

```
shortestPath((n1:Person)-[*..6]-(n2:Person))
```
Find a single shortest path.

```
allShortestPaths((n1:Person)-->(n2:Person))
```
Find all shortest paths.

Labels

```
CREATE (n:Person {name:{value}})
```
Create a node with label and property.

```
MERGE (n:Person {name:{value}})
```
Matches or creates unique node(s) with label and property.

```
SET n:Spouse:Parent:Employee
```
Add label(s) to a node.

```
MATCH (n:Person)
```
Matches nodes labeled as `Person`.

```
MATCH (n:Person)
WHERE n.name = {value}
```
Matches nodes labeled `Person` with the given `name`.

```
WHERE (n:Person)
```
Checks existence of label on node.

```
labels(n)
```
Labels of the node.

```
REMOVE n:Person
```
Remove label from node.

Collections

```
['a','b','c'] AS coll
```
Literal collections are declared in square brackets.

```
length({coll}) AS len, {coll}[0] AS value
```
Collections can be passed in as parameters.

```
range({first_num},{last_num},{step}) AS coll
```
Range creates a collection of numbers (`step` is optional), other functions returning collections are: `labels`, `nodes`, `relationships`, `rels`, `filter`, `extract`.

```
MATCH (a)-[r:KNOWS*]->()
RETURN r AS rels
```
Relationship identifiers of a variable length path contain a collection of relationships.

```
RETURN matchedNode.coll[0] AS value,
       length(matchedNode.coll) AS len
```
Properties can be arrays/collections of strings, numbers or booleans.

```
coll[{idx}] AS value,
coll[{start_idx}..{end_idx}] AS slice
```

Collection elements can be accessed with `idx` subscripts in square brackets. Invalid indexes return `NULL`. Slices can be retrieved with intervals from `start_idx` to `end_idx` each of which can be omitted or negative. Out of range elements are ignored.

Maps

```
{name:'Alice', age:38,
 address:{city:'London', residential:true}}
```

Literal maps are declared in curly braces much like property maps. Nested maps and collections are supported.

```
MERGE (p:Person {name: {map}.name})
ON CREATE SET p={map}
```

Maps can be passed in as parameters and used as map or by accessing keys.

```
RETURN matchedNode AS map
```

Nodes and relationships are returned as maps of their data.

```
map.name, map.age, map.children[0]
```

Map entries can be accessed by their keys. Invalid keys result in an error.

Relationship Functions

```
type(a_relationship)
```

String representation of the relationship type.

```
startNode(a_relationship)
```

Start node of the relationship.

```
endNode(a_relationship)
```

End node of the relationship.

```
id(a_relationship)
```

The internal id of the relationship.

Predicates

```
n.property <> {value}
```

Use comparison operators.

```
has(n.property)
```

Use functions.

```
n.number >= 1 AND n.number <= 10
```

Use boolean operators to combine predicates.

```
n:Person
```

Check for node labels.

```
identifier IS NULL
```

Check if something is `NULL`.

```
NOT has(n.property) OR n.property = {value}
```

Either property does not exist or predicate is `TRUE`.

```
n.property = {value}
```

Non-existing property returns `NULL`, which is not equal to anything.

`n.property = {value}`
Non-existing property returns `NULL`, which is not equal to anything.

`n.property =~ "Tob.*"`
Regular expression.

`(n)-[:KNOWS]->(m)`
Make sure the pattern has at least one match.

`NOT (n)-[:KNOWS]->(m)`
Exclude matches to `(n)-[:KNOWS]->(m)` from the result.

`n.property IN [{value1}, {value2}]`
Check if an element exists in a collection.

Collection Predicates

`all(x IN coll WHERE has(x.property))`
Returns `true` if the predicate is `TRUE` for all elements of the collection.

`any(x IN coll WHERE has(x.property))`
Returns `true` if the predicate is `TRUE` for at least one element of the collection.

`none(x IN coll WHERE has(x.property))`
Returns `TRUE` if the predicate is `FALSE` for all elements of the collection.

`single(x IN coll WHERE has(x.property))`
Returns `TRUE` if the predicate is `TRUE` for exactly one element in the collection.

Functions

`coalesce(n.property, {defaultValue})`
The first non-`NULL` expression.

`timestamp()`
Milliseconds since midnight, January 1, 1970 UTC.

`id(node_or_relationship)`
The internal id of the relationship or node.

Path Functions

`length(path)`
The length of the path.

`nodes(path)`
The nodes in the path as a collection.

`relationships(path)`
The relationships in the path as a collection.

```
MATCH path=(n)-->(m)
RETURN extract(x IN nodes(path) | x.prop)
```
Assign a path and process its nodes.

```
MATCH path = (begin) -[*]-> (end)
FOREACH
  (n IN rels(path) | SET n.marked = TRUE)
```
Execute a mutating operation for each relationship of a path.

Collection Functions

`length({coll})`
Length of the collection.

`head({coll}), last({coll}), tail({coll})`
`head` returns the first, `last` the last element of the collection. `tail` the remainder of the collection. All return null for an empty collection.

`[x IN coll WHERE x.prop <> {value} | x.prop]`
Combination of filter and extract in a concise notation.

`extract(x IN coll | x.prop)`
A collection of the value of the expression for each element in the orignal collection.

`filter(x IN coll WHERE x.prop <> {value})`
A filtered collection of the elements where the predicate is `TRUE`.

`reduce(s = "", x IN coll | s + x.prop)`
Evaluate expression for each element in the collection, accumulate the results.

```
FOREACH (value IN coll |
 CREATE (:Person {name:value}))
```
Execute a mutating operation for each element in a collection.

Mathematical Functions

`abs({expr})`
The absolute value.

`rand()`
A random value. Returns a new value for each call. Also useful for selecting subset or random ordering.

`round({expr})`
Round to the nearest integer, `ceil` and `floor` find the next integer up or down.

`sqrt({expr})`
The square root.

`sign({expr})`
`0` if zero, `-1` if negative, `1` if positive.

`sin({expr})`
Trigonometric functions, also `cos`, `tan`, `cot`, `asin`, `acos`, `atan`, `atan2`, `haversin`.

`degrees({expr}), radians({expr}), pi()`
Converts radians into degrees, use `radians` for the reverse. `pi` for π.

`log10({expr}), log({expr}), exp({expr}), e()`
Logarithm base 10, natural logarithm, `e` to the power of the parameter. Value of `e`.

String Functions

`str({expression})`
String representation of the expression.

`replace({original}, {search}, {replacement})`
Replace all occurrences of `search` with `replacement`. All arguments are be expressions.

`substring({original}, {begin}, {sub_length})`
Get part of a string. The `sub_length` argument is optional.

`left({original}, {sub_length}), right({original}, {sub_length})`
The first part of a string. The last part of the string.

`trim({original}), ltrim({original}), rtrim({original})`
Trim all whitespace, or on left or right side.

`upper({original}), lower({original})`
UPPERCASE and lowercase.

Aggregation

`count(*)`
The number of matching rows.

`count(identifier)`
The number of non-`NULL` values.

`count(DISTINCT identifier)`
All aggregation functions also take the `DISTINCT` modifier, which removes duplicates from the values.

`collect(n.property)`
Collection from the values, ignores `NULL`.

`sum(n.property)`
Sum numerical values. Similar functions are `avg`, `min`, `max`.

`percentileDisc(n.property, {percentile})`
Discrete percentile. Continuous percentile is `percentileCont`. The `percentile` argument is from `0.0` to `1.0`.

`stdev(n.property)`
Standard deviation for a sample of a population. For an entire population use `stdevp`.

CASE

```
CASE n.eyes
 WHEN 'blue' THEN 1
 WHEN 'brown' THEN 2
 ELSE 3
END
```
Return `THEN` value from the matching `WHEN` value. The `ELSE` value is optional, and substituted for `NULL` if missing.

```
CASE
 WHEN n.eyes = 'blue' THEN 1
 WHEN n.age < 40 THEN 2
 ELSE 3
END
```
Return `THEN` value from the first `WHEN` predicate evaluating to `TRUE`. Predicates are evaluated in order.

Upgrading

With Neo4j 2.0 several Cypher features in version 1.9 have been deprecated or removed.

- `START` is optional.
- `MERGE` will take `CREATE UNIQUE`'s role for the unique creation of patterns. Note that they are not the same, though.
- Optional relationships are handled by `OPTIONAL MATCH`, not question marks.
- Non-existing properties return `NULL`, `n.prop?` and `n.prop!` have been removed.
- The separator for collection functions changed form `:` to `|`.
- Paths are no longer collections, use `nodes(path)` or `rels(path)`.
- Parentheses around nodes in patterns are no longer optional.
- `CREATE a={property:'value'}` has been removed.
- Use `REMOVE` to remove properties.
- Parameters for index-keys and nodes in patterns are no longer allowed.
- To still use the older syntax, prepend your Cypher statement with `CYPHER 1.9`.

START

```
START n=node(*)
```

Start from all nodes.

```
START n=node({ids})
```

Start from one or more nodes specified by id.

```
START n=node({id1}), m=node({id2})
```

Multiple starting points.

```
START n=node:nodeIndexName(key={value})
```

Query the index with an exact query. Use `node_auto_index` for the automatic index.

CREATE UNIQUE

```
CREATE UNIQUE
    (n)-[:KNOWS]->(m {property: {value}})
```

Match pattern or create it if it does not exist. The pattern can not include any optional parts.

Performance

- Use parameters instead of literals when possible. This allows Cypher to re-use your queries instead of having to parse and build new execution plans.
- Always set an upper limit for your variable length patterns. It's easy to have a query go wild and touch all nodes in a graph by mistake.
- Return only the data you need. Avoid returning whole nodes and relationships—instead, pick the data you need and return only that.